白洋淀典型污染物水环境过程及效应

高博 万晓红 赵健 等 著

中国水利水电出版社
www.waterpub.com.cn
·北京·

内 容 提 要

本书主要介绍了白洋淀不同环境介质中典型污染物的水环境过程及效应。全书共 6 章，主要内容包括：重金属、持久性有机污染物等典型污染物在白洋淀水环境中的空间分布特征、赋存规律、污染评价、来源解析以及环境效应评估；氮元素的时空分布特征及其生物地球化学过程；白洋淀温室气体（N_2O、CH_4 和 CO_2）的时空分布特征、排放通量估算及其影响因素。

本书可供环境科学与工程、湖泊学、环境地球化学、环境化学及生态学等专业的研究人员、管理人员及高等院校相关专业师生阅读和参考。

图书在版编目（ＣＩＰ）数据

白洋淀典型污染物水环境过程及效应 ／ 高博等著
. -- 北京 ： 中国水利水电出版社，2019.12
ISBN 978-7-5170-8246-0

Ⅰ. ①白… Ⅱ. ①高… Ⅲ. ①白洋淀－水污染－研究
Ⅳ. ①X524

中国版本图书馆CIP数据核字 (2019) 第274977号

书 名	白洋淀典型污染物水环境过程及效应 BAIYANGDIAN DIANXING WURANWU SHUIHUANJING GUOCHENG JI XIAOYING	
作 者	高博 万晓红 赵健 等著	
出版发行	中国水利水电出版社 （北京市海淀区玉渊潭南路 1 号 D 座　100038） 网址：www. waterpub. com. cn E - mail：sales@ waterpub. com. cn 电话：(010) 68367658（营销中心）	
经 售	北京科水图书销售中心（零售） 电话：(010) 88383994、63202643、68545874 全国各地新华书店和相关出版物销售网点	
排 版	中国水利水电出版社微机排版中心	
印 刷	北京瑞斯通印务发展有限公司	
规 格	184mm×260mm　16 开本　11 印张　268 千字	
版 次	2019 年 12 月第 1 版　2019 年 12 月第 1 次印刷	
印 数	0001—1000 册	
定 价	**58.00 元**	

前　言

　　我国的湿地面积为 6600 余万 hm²，居世界第四位、亚洲第一位。湿地类型多、绝对数量大、分布广、地域差异显著、生物多样性丰富等是我国湿地的主要特点。然而，由于人类不合理的开发利用，湿地生态遭受破坏，水体水质受到污染，水资源量严重紧缺，难以与其生态功能相匹配。自 1992 年我国加入湿地公约后，湿地保护工作得到了积极推进。其中，湖泊湿地已逐渐成为近年来生态环境保护及研究的重点领域。白洋淀是华北平原最大的淡水湿地系统，被称为"华北之肾"，在调节京津冀区域气候、维持区域生态平衡、保障流域饮水安全、提高地区经济水平等方面发挥着不可替代的作用。因此，白洋淀区域生态环境的保护、治理及改善一直受到国家和当地各级政府的高度重视。此外，2017 年 4 月 1 日，雄安新区的设立更是为白洋淀生态环境保护及研究工作带来了历史机遇。2019 年 1 月，经党中央、国务院批准，河北省委、省政府正式印发了《白洋淀生态环境治理和保护规划（2018—2035 年）》，围绕白洋淀生态环境治理和保护目标，对其工作任务进行了明确部署。白洋淀生态环境的治理和环境保护，关系到区域生态安全和雄安新区的生态文明建设，并直接影响着京津冀区域生态安全和可持续发展。

　　本书是国家重点基础研究发展计划课题"海河流域水环境演化机理与水污染防治基础"（2006CB403403）相关研究成果的总结和深化。本书在总结前期研究结果的基础上，主要围绕白洋淀水环境中重金属元素、稀土元素、持久性有机污染物多环芳烃等污染物的赋存水平、污染特征、生态风险及健康风险进行评估，同时结合铅同位素技术对金属污染物的来源进行解析研究。针对湖泊湿地的富营养化问题，对白洋淀湿地系统的环境因子、氮元素的时空特征及生物地球化学过程展开研究；与此同时，针对湿地系统的气候调节功能，对白洋淀湿地温室气体的排放通量进行初步估算，并结合相关影响因子展开分析讨论。本书还对白洋淀湿地系统不同环境介质（大气、水体、沉积物等）中典型污染物的污染特征、来源、环境风险及地球化学过程开展了相关研究，旨在揭示白洋淀湿地水生态环境系统中污染物的环境过程及效应。本书研究成果可以为白洋淀区域污染物水环境演变提供基础数据参考，同时为区域生态环境保护及治理提供理论依据。

全书编写工作由高博、万晓红和赵健统筹、策划及负责。本书共分 6 章，具体的撰写分工如下：第 1 章由高博、彭文启、周洋、李艳艳撰写；第 2 章由高博、高丽、徐东昱撰写；第 3 章由赵健、高秋生、高继军、刘玲花、刘晓茹撰写；第 4 章由万晓红、陆瑾、袁浩撰写；第 5 章由万晓红、殷淑华、王启文撰写；第 6 章由高博、徐东昱、李艳艳撰写。本书出版得到了中国水利水电科学研究院"十三五"期间"五大人才"计划项目（WE0145B662017）、流域水循环模拟与调控国家重点实验室相关科研项目的大力支持，在此向支持和帮助过作者研究工作的所有单位及个人表示诚挚的感谢；同时，感谢教授级高级工程师周怀东、教授级高级工程师郝红在本书编写过程中给予的指导和建议。本书编纂过程中所借鉴的已有研究成果均作为参考文献予以给出，特在此向所有相关人员致以谢意。

由于作者水平有限，且受研究时间、研究方法等条件的限制，书中难免存在疏漏和不足之处，敬请广大读者批评指正。

作者

2019 年 8 月

化 学 符 号 对 照 表

化学符号	英 文 名 称	中 文 名 称
Acy	Acenaphthylene	苊烯
Ace	Acenaphthene	苊
Ant	Anthracene	蒽
Ba	Barium	钡
BaA	Benz（a）anthracene	苯并（a）蒽
BaP	Benzo（a）pyrene	苯并（a）芘
BbF	Benzo（b）fluoranthene	苯并（b）荧蒽
BghiP	Benzo（g, hi）perylene	苯并（ghi）苝
BkF	Benzo（k）fluoranthene	苯并（k）荧蒽
Cd	Cadmium	镉
Ce	Cerium	铈
CH_4	Methane	甲烷
Chr	Chrysene	䓛
Co	Cobalt	钴
CO_2	Carbon dioxide	二氧化碳
Cr	Chromium	铬
Cu	Copper	铜
DahA	Dibenzo（a, h）anthracene	二苯并（a, h）蒽
Dy	Dysprosium	镝
Er	Erbium	铒
Eu	Europium	铕
Fe	Iron	铁
Fla	Fluoranthene	荧蒽
Flo	Fluorene	芴
Gd	Gadolinium	钆
Ho	Holmium	钬
IcdP	Indeno（1, 2, 3-cd）pyrene	茚并（1, 2, 3-cd）芘
La	Lanthanum	镧
Li	Lithium	锂
Lu	Lutecium	镥
Mn	Manganese	锰

化学符号	英文名称	中文名称
N	Nitrogen	氮
Nap	Naphthalene	萘
Nd	Neodymium	钕
Ni	Nickel	镍
N_2O	Nitrous oxide	氧化亚氮
P	Phosphorus	磷
PAHs	Polycyclic Aromatic Hydrocarbons	多环芳烃
Phe	phenanthrene	菲
Pb	Lead	铅
Pr	Praseodymium	镨
Pyr	Pyrene	芘
Sc	Scandium	钪
Se	Selenium	硒
Sm	Samarium	钐
Sr	Strontium	锶
Tb	Terbium	铽
Tl	Thallium	铊
Tm	Thulium	铥
V	Vanadium	钒
Y	Yttrium	钇
Yb	Ytterbium	镱
Zn	Zinc	锌

目　录

第 1 章

绪论

1.1　研究背景

　　湿地是珍贵的自然资源，与森林、海洋合称为地球的三大生态系统。1982 年，《关于特别是作为水禽栖息地的国际重要湿地公约》（简称《湿地公约》）将其定义为"不问其为天然或人工、长久或暂时之沼泽地、湿原、泥炭地或水域地带，带有或静止或流动、或为淡水、半咸水或咸水水体者，包括低潮时水深不超过 6m 的浅海区域"。通常，可将湿地分为人工湿地和自然湿地两种类型。其中，自然湿地主要包括沼泽地、泥炭地、湖泊、河流、海滩和盐沼等；人工湿地主要包括水稻田、水库、池塘等。1999 年，国家林业和草原局为了进行全国湿地资源调查，参照《湿地公约》的分类，将我国的湿地划分为近海与海岸湿地、河流湿地、湖泊湿地、沼泽与沼泽化湿地、库塘 5 大类 28 种类型。湿地是地球上具有多种独特功能的生态系统，为人类提供了大量食物、原料和水资源，而且在维持生态平衡、保持生物多样性和珍稀物种资源以及涵养水源、蓄洪防旱、降解污染、调节气候、补充地下水、控制土壤侵蚀等方面均起到重要作用。

　　然而，随着人口的快速增长，经济水平的突飞猛进，城镇化进程的不断加快，由人类活动产生的污染物通过各种排放途径进入湿地生态系统中，使得许多湖泊湿地（太湖、巢湖、滇池等）的水质恶化，生物多样性锐减，生态功能退化。目前，湿地污染问题已成为中国湿地面临的严重威胁之一，其污染来源主要包括工业污染、农业污染和生活污染。水是湿地生态系统的重要控制因子，湿地水环境是湿地生态系统的重要组成部分，其特征决定了湿地的类型、规模、功能和效益，因此，研究湿地污染物的水环境过程及效应，对湿地生态系统的保护和维持起到关键指导作用。不同类型湿地的物理、化学、生物影响因素不同，污染物在不同环境介质当中的过程及效应有所差异，引发的污染问题也不尽相同。其中，湖泊湿地作为一种重要的湿地类型，在许多方面为人类的生产生活提供了便利，但不合理的利用方式却给湖泊湿地造成了不同程度的破坏和污染，工业生产、化石燃料燃烧等人类活动产生的重金属、有机物等典型污染物，通过各种途径影响着湖泊湿地的生态环境，引发金属污染、有机污染等环境问题，甚至通过累积、富集等作用危及人类生命健康。

　　另外，由于过多的营养物质和有机负荷的输入所导致的富营养化，同样是湖泊湿地面临的主要污染问题之一。大量营养元素进入到水环境当中，会对水体水质造成影响，打破

湿地系统原有的生态平衡，导致水体富营养化。在此背景下，了解和明晰湿地系统中营养元素的循环机理和过程，才能更好地治理和改善湿地的富营养化状况。此外，湿地生态系统在生物圈物质能量交换过程中同样扮演着不同或缺的角色，湿地生态系统当中碳（C）、氮（N）等主要元素的循环过程及生态效应，也是湿地环境研究的主要方向之一（Charman et al.，1994；Mariano，1999）。一方面，对于氮素来说，固氮作用、硝化作用、反硝化作用等过程使其在湿地生态系统中不断循环，湿地生态系统成为自然界中氮素重要的源、汇和转化器（Reddy et al.，2008；赵姗等，2018），另一方面，对于碳素来说，湖泊在大气碳循环中扮演着重要的角色，往往充当着甲烷（CH_4）和二氧化碳（CO_2）的重要自然来源（Bastviken et al.，2011；Cole et al.，1994；黄满堂等，2019）。湖泊湿地物质能量循环过程中产生的氧化亚氮（N_2O）、CO_2、CH_4 均为《京都议定书》中规定控制的温室气体，对全球气候调控起着重要的影响作用（Battin et al.，2009；Cole et al.，1994；Tranvik et al.，2009）。此外，美国环境保护署（U.S. Environmental Protection Agency，EPA）认定，CO_2 等温室气体是空气污染物，将危害公众健康与人类福祉，湿地系统中 CO_2、CH_4、N_2O 的产生、排放通量及其对全球气候的影响已逐渐成为研究的热点领域（贾磊等，2018；闫兴成等，2018；赵姗等，2018）。

白洋淀总面积约为 $366km^2$（大沽高程 10.5m 时），是华北平原上最大的淡水湿地，素有"华北明珠"和"华北之肾"的美誉。白洋淀地处京津冀腹地，主体位于河北省安新县境内，在涵养水源、缓洪滞沥、调节京津冀地区小气候、维持系统生物多样等方面起着重要的作用。2017 年 4 月 1 日，中共中央、国务院印发通知，决定设立雄安新区，该规划范围涵盖河北省雄县、容城、安新 3 个县及周边部分区域，旨在围绕白洋淀着力打造一座具有"蓝绿交织、清新明亮、水城交融"特色的新时代生态文明典范新城。"建设雄安新区，一定要把白洋淀修复好、保护好"是习近平总书记在实地考察雄安新区建设规划时做出的重要指示；包含白洋淀、丹江口、洱海在内的"新三湖"水污染治理体系的提出，更是将白洋淀首次上升到了国家环保工作重点关注的高度。据《海河流域水资源公报》多年的统计数据可知，2004 年以来，白洋淀地区Ⅳ类水域的面积不断减小，水质多为Ⅴ类甚至为劣Ⅴ类，这与白洋淀的生态功能定位严重不符；此外，白洋淀作为华北地区最大的淡水湿地，系统内 C、N 等元素的物质循环及排放通量研究相对缺乏，温室气体的排放通量等大气环境影响尚未明确，这将大大限制白洋淀生态环境保护、水污染治理等工作的有效开展。

本书基于相关研究成果，针对白洋淀地区水环境不同介质中的金属元素、多环芳烃（PAHs）等典型污染物的污染特征、环境效应、影响因素等展开研究，另外围绕 C、N 等元素及环境因子的时空特征、影响因素、温室气体排放等方面展开论述，旨在系统揭示白洋淀地区典型污染物的水环境过程效应。九河下梢，北地西湖。白洋淀之于雄安，犹如西湖之于杭州。白洋淀典型污染物的环境过程及效应研究的开展，以期为该地区环境污染治理和生态保护工作开展提供数据参考，为白洋淀环境污染物的演变研究提供依据，同时为规划和建设雄安新区提供理论支撑。另外，白洋淀生态环境的保护与治理也将直接影响京津冀区域的生态安全和可持续发展过程。

1.2 白洋淀历史演变

白洋淀的形成源于人类生产和社会活动，即修渠筑堤、引水蓄塘的结果（何乃华等，1994），从其发育至今经历了由海而湖、由湖而陆的扩张、收缩、解体等逆向演变阶段，逐渐形成如今东西长约 39.5km，南北宽约 28.5km，总面积约为 366km² 的白洋淀湿地（常利伟，2014；齐昱涵，2018）。白洋淀最初为散落在华北平原集中凹陷之中的蝶形盆地，历史上淀泊总面积近 3000km²；宋朝时，白洋淀为宋辽边界，由于塘泺防线修筑白洋淀进入淀泊格局的重要形成时期；明朝中叶至清朝时期筑堤注水，白洋淀进入了发展的鼎盛时期，同治年间，新安北堤与防水埝的兴修使得以安新、雄县、容城、徐水等低洼蓄水区从白洋淀分离，至此白洋淀面积减少为 561km²（安新县地方志编纂委员会，2000）；20 世纪中叶以来，为了治理流域内的洪涝灾害，开始大量兴修水库，疏浚河道（袁勇等，2013），由于气候变化和山区水库蓄水，河道径流逐渐减少甚至断流，白洋淀入淀水量得不到保障，湿地面积开始逐渐萎缩；至 20 世纪 80 年代中期，白洋淀最终形成了由千里堤、南新堤、四门堤、防水埝、新安北堤等堤防四面为界，由淀内 3700 余条纵横交错的沟壕分割形成的 143 个大小不等又互相连同的淀泊（程伍群等，2018；王凯霖等，2018；李海涛，2019）。

然而，据白洋淀十方院水文站资料记载，1919—2010 年，白洋淀年内或全年出现干淀的年份共计 19 年，入淀年径流量在 1971 年发生减少突变（王青等，2013；邱琳，2017），并于 1982 年干涸，后经 1988 年强降雨而使淀区得以恢复；从 2000 年开始，白洋淀死鱼事件更是频频见诸报端。为解决白洋淀湿地缺水、生态系统失衡的局面，1981—2010 年，河北省通过海河流域的王快水库、安各庄水库、西大洋水库和岳城水库对白洋淀进行了 26 次人工调水补给（张赶年等，2013）；2018 年 4 月 16 日起，南水北调的长江水通过闸口 24h 不间断给白洋淀补水。截至 2018 年 6 月 20 日，南水北调已向白洋淀补水 1.18 亿 m³；2019 年 2 月 1 日，黄河首次向雄安新区实施生态调水，历时 28 天，引黄入冀补淀调水工程圆满结束，入淀水量共计 3500 余万 m³，有效调节白洋淀水位，提高白洋淀水动力条件，改善白洋淀水环境质量。如今的白洋淀，作为雄安新区选址定位的重要依托，其水环境保护和生态环境治理受到了生态环境部等有关部委和河北省政府的高度关注，各方积极努力，以重现昔日"水到白洋阔连天，暮云浮笔画峰峦"的盛景，一个"苇绿荷红、水清鱼肥"的魅力新水乡正逐步呈现（图 1.1）。

图 1.1 白洋淀风貌（参见文后彩图）

1.3　白洋淀自然环境特征

1.3.1　区域位置

本书所指的白洋淀即广义白洋淀，是现今由大小 143 个淀泊组成，以白洋淀为主体的周围淀泊的总称。白洋淀淀泊情况见表 1.1。白洋淀地处北纬 $38°43'\sim39°02'$，东经 $115°38'\sim116°07'$，总面积约 $366km^2$（大沽高程 10.5m），东临天津，西傍保定，南靠石家庄，北依北京。2017 年以前，白洋淀为河北省保定及沧州两市的安新县、容城县、雄县、高阳县以及任丘市五个市县共辖。2017 年 4 月 1 日，中共中央、国务院决定在雄县、安新县、容城县设立河北雄安新区，至此，白洋淀大部为雄安新区所辖；白洋淀 85% 的水域在安新县境内，几乎占安新县总面积的 1/2（保定市统计局，2017）；总流域面积为 $31199km^2$，为大清河流域面积的 96.13%。

表 1.1　　　　　　　白洋淀淀泊情况表（数据来源于《白洋淀志》）

类别	编号	名称	面积/亩	淀底平均高程/m	位置
10000 亩*以上淀泊	1	白洋淀	19899	6.1	关城正南
	2	烧车淀	16701.5	6.3	小张庄正北
	3	马棚淀	16410	7.3	韩堡正西
	4	羊角淀	12755.7	7.2	韩村正东
	5	小北淀	11715	7.8	同口东北
	6	池鱼淀	11167	6.5	圈头东北
	7	后塘淀	10113	6.2	东田庄正东
		合计	98761.2		
1000～10000 亩淀泊	8	鸪丁淀	8219	7.5	北河庄村西
	9	平阳淀	7050	6.7	圈头正东
	10	前塘	5094.4	5.8	东田庄正东
	11	城北淀	4333	7.9	安州正北
	12	泛鱼淀	3963	6.3	采蒲台东北
	13	聚龙淀	3813.7	5.4	采蒲台东南
	14	大白淀	3059.7	7.6	际头堤外
	15	唐家淀	2404	7.6	圈头东北
	16	孟家淀	2137	6.0	梁沟正北
	17	大麦淀	2128.5	5.3	圈头西南
	18	关淀	1920	7.8	留通东南
	19	弯篓淀	1828	6.5	梁庄村北
	20	鲫鲅淀	1742	5.2	大田庄正东

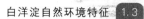

续表

类别	编号	名称	面积/亩	淀底平均高程/m	位置
1000～10000亩淀泊	21	莲花淀	1733.9	8.3	王庄子正北
	22	龙王淀	1725	7.2	光淀西南
	23	涝王淀	1699.9	6.0	圈头西北
	24	留通淀	1545	7.5	留通正南
	25	小麦淀	1500	5.5	圈头正西
	26	苲淀	1428	6.6	公堤堤外
	27	良心淀	1328.4	7.7	向阳堤外
	28	胡家淀	1294	6.5	大树刘庄北
	29	黄淀	1277	6.1	梁庄东北
	30	三角淀	1213	5.7	邸庄村西
	31	蒲淀	1087	7.3	向阳堤外
		合计	63523.5		
100～1000亩淀泊	32	麦淀	893.3	5.6	东淀头东北
	33	大光淀	868.3	6.5	光淀东南
	34	大鸭圈	781.8	5.4	宋庄东南
	35	辉淀	779	5.5	西李庄正东
	36	八大淀	772.2	5.3	大淀头东南
	37	大丝网淀	731.5	6.1	何庄子西南
	38	张套弯子	619	5.4	圈头东南
	39	套淀	589.7	5.4	光淀正北
	40	月港	540	6.5	寨南正东
	41	杨港	513.7	7.0	王庄子正东
	42	虎皮淀	502	5.5	圈头东南
	43	前头淀	480	5.8	光淀正南
	44	大杨淀	474.2	6.5	南刘庄正东
	45	杜家淀	460.8	5.5	马堡正南
	46	合东淀	443	5.4	光淀西北
	47	北蒲淀	382.5	5.3	圈头正北
	48	李家淀	360	6.0	邵庄子正北
	49	小莲花淀	341	6.6	郭里口正北
	50	郝淀	327.3	5.6	大田庄正西
	51	北漕	315	7.3	公堤堤外
	52	小鸭圈	310	5.6	宋庄正西
	53	孙家淀	300	7.2	公堤堤外
	54	东王家淀	292.5	5.5	王家寨正东

类别	编号	名称	面积/亩	淀底平均高程/m	位置
	55	西洼子	287.3	5.5	王家寨西北
	56	北河淀	284	7.8	圈头正北
	57	卢家淀	270	6.0	寨南正北
	58	高家地白子	264	6.0	郭里口正北
	59	王港	262.5	6.6	赵北口西南
	60	柴家淀	246	5.8	郭里口正东
	61	小石淀	244.5	5.5	大田庄正东
	62	庞淀	244	5.7	邵庄子东北
	63	小丝网淀	239.8	6.1	何庄子正南
	64	荷叶淀	236.3	5.2	大张庄东北
	65	薛家淀	232.5	5.5	王家寨西
	66	高港	231.2	8.1	杨庄子东北
	67	北湾	225	6.6	公堤堤外
	68	李家淀	210	6.0	郭里口西北
	69	鸭子坑	200	5.4	圈头西南
	70	小淀	194.3	5.4	东田庄正北
100～1000 亩淀泊	71	南坑子	192	6.0	何庄子正南
	72	王家淀	187.5	7.2	北河庄村东
	73	陈家泊	186	6.4	大张庄正北
	74	张家开	183.8	5.4	王家寨东南
	75	丝家淀泊子	169.5	6.5	大张庄正东
	76	西王家淀	165	5.5	王家寨正西
	77	前头淀	160.1	5.4	东李庄正南
	78	王淀	156.4	6.0	端村东北
	79	双湾	156	6.0	郭里口正东
	80	荷花淀	156	6.0	郭里口西北
	81	篓子淀	155.6	5.4	大田庄东北
	82	南湾	150	6.6	公堤堤外
	83	仇河	146	5.4	泥李庄东北
	84	马港	144	6.0	邵庄子正北
	85	小金淀	138.9	5.5	大田庄西北
	86	邸庄南洼	137	6.0	邸庄村南
	87	西淀	136.3	5.3	大田庄西
	88	西葫芦泊	129.8	5.5	王家寨正西

类别	编号	名称	面积 /亩	淀底平均高程 /m	位置
100~1000亩 淀泊	89	下王家淀	128.6	3.0	大张庄东南
	90	上王家淀	127	5.5	大张庄东南
	91	张家汕泊子	127	5.5	大张庄正东
	92	清水淀	123	6.3	郭里口东北
	93	彭家淀	120	5.5	郭里口东南
	94	西洼	118.3	5.3	大田庄正西
	95	邸庄西洼	115	6.0	邸庄村南
	96	小杨家淀	115	7.5	南刘庄东北
	97	两股子	114.7	5.4	小张庄东南
	98	鲫鱼淀	101.4	7.7	邸庄村南
	99	明四淀	100	6.3	郭里口东北
		合计	20088.1		

* 1亩≈0.0667hm²。

1.3.2 地形地貌

白洋淀位于太行山东麓永定河冲积扇与滹沱河冲积扇相夹持的低洼地区，为冲积平原洼地，地势西北高东南低，海拔跨度0~2784m，主要由山区、平原区、洼淀区三部分构成（高彦春等，2017）。地貌景观以水体为主，约占50%；水域间有苇田，约占36%；台地约占14%；形成了园田和水面相间分布的特殊地貌（齐丽艳，2009；孟睿等，2012）。河淀相连、园田镶嵌、村镇环绕，虽造就了白洋淀独特的风景文化（图1.2），但是也加剧了其水环境受损、湿地破碎化严重的窘境（张梦嫚等，2018）。淀区内土壤肥沃，土壤类型多样，由4个土类、8个亚类、21个土属、128个土种和1个复区组成，以褐土、潮土、粗骨土、水稻土、棕壤等类型为主；其中地势低洼地区主要为潮土和粗骨土，地势较高地区主要分布的为褐土（尹军，2017；郑志鑫等，2017）。

图1.2 白洋淀内村镇环绕（参见文后彩图）

1.3.3 气候降水

白洋淀位于东部季风区暖温带半干旱地区，属温带大陆性气候，淀区内四季分明，相对温和，年平均气温为12.1℃，年平均降水量为552.7mm。淀区春季和冬季雨雪稀少；夏季降水多且集中，但有时也会遭遇严重干旱；秋季降水量则显著减少，形成风凉云淡、秋高气爽的气候特点。气象资料显示，1957—2012年，白洋淀流域内多年平均气温为11.36℃，年均气温总体呈上升趋势，且上升趋势在1988年后增大；而降水量变化相对复杂，年降水量总体呈现波动下降趋势，且该趋势主要由年降水日数显著下降所引起；淀内气温的显著升高和降水量的逐渐减少已成为主要的发展趋势，这将进一步为白洋淀水环境治理和生态修复带来挑战（刘丹丹，2014；高彦春等，2017）。另有研究表明，在气候变暖的大背景下，白洋淀湿地对周边环境存在一定的影响，尤其对气候变暖具有较强的缓解作用，并对周边地区的降水具有补充作用（李祥等，2016）。

1.3.4 河流水系

白洋淀隶属于海河流域的大清河水系，并位于潴龙河、孝义河、唐河、府河、漕河、萍河、清水河、瀑河及白沟引河的九河下梢，上有九河汇入，下经淀东的赵北口东流，与海河相通。

潴龙河，属海河流域大清河水系，源自太行山，由东北汇入白洋淀。河流全长316km，流域面积7090km²，含沙量较大，属季节性河流。潴龙河为大清河南支的主要行洪河道，河上建有分洪道主河道两岸修建有堤防，其中千里堤为国家重点堤防，是大清河水系的主要防洪屏障。河流上游分支为沙河、磁河、孟良河，流域内王快水库、口头水库、衡水岭水库三座大中型水库即分别坐落在其三条支流之上。

孝义河，属海河流域大清河水系，发源于定州市中古屯，流经安国、博野、蠡县、高阳后注入马棚淀。河流全长90km，流域面积343.2km²，河道多变，河底为沙壤土兼有流沙。孝义河为里蠡县北部的一条排沥河道，一旦潴龙河分洪，也担负起分洪的作用。根据《河北省水功能区划》，孝义河源头至高阳段为工业用水区，水质目标需满足《地表水环境质量标准》（GB 3838—2002）Ⅳ类；高阳至白洋淀段为缓冲区；经缓冲区后与白洋淀保护区相连。

唐河，属海河流域大清河水系，发源于山西省浑源县南部的翠屏山，流经山西省灵丘县，河北省保定市的涞源县、唐县、顺平县、定州市、望都县、清苑区、安新县，在安新县境内汇入白洋淀。唐河干流上建有唐河水电站、西大洋水库等水利工程，对流域内截水防洪、工农业生产及生活蓄水发挥着重要作用。20世纪70年代，白洋淀水域污染日趋严重，保定市为截留排入白洋淀的工业污水，在白洋淀上游的唐河主河道内修建了唐河污水库（1975年国家第一次大规模治理白洋淀水污染问题建设的重点工程之一），用于临时存放周边地区排放的工业污水。然而，原定于1979年停用的唐河污水库直至2017年6月才实现彻底截污，库内垃圾成山、污水横流，对仅距库尾2.5km的白洋淀水环境质量构成严重威胁，同时也严重污染了周边地下水资源。2018年5月，唐河污水库污染管理与生态修复工程启动，随着一期工程的顺利完结，唐河水环境得到明显改善，唐河污水库对白洋淀水生态造成的环境风险得到了有效防控。

府河，贯穿保定市主城区，为保定市境内河流，上游有一亩泉河、侯河、白草沟等支流，主流向东有黄花沟、金线河汇入，后与唐河汇合后入藻杂淀。府河全长 62km，为白洋淀多条支流当中唯一常年有水的一条入淀支流，曾是保定市的地表水源地和地下水的重要补给水源，也是保定市航运史上独具盛名的航运河道。然而，随着城市经济和工业化发展，府河的水资源被大量利用，造成上游河道枯竭，下游河道如今主要承接保定市工业废水、生活污水及沿线农业面源污水，成为保定市的一条主要纳污河道，河流水体也对沿岸地区地下水造成不同程度的污染（毛美洲等，1995；龙幸幸等，2016；梁慧雅等，2017）。

漕河，属海河流域大清河水系，全长 110km，发源于保定市易县境内的五回岭（属太行山脉），自西北向东南流经易县、满城区低山、丘陵区至满城区市头村，在迪城村东南、东木枕庄东北汇入府河，入藻杂淀。

萍河，属海河流域大清河水系，发源于定兴县西南的南幸村，流经定兴、徐水、容城、安新等县（区），在徐水区北营村有鸡爪河（老龙沟）汇入，经黑龙口东南注入安新县藻杂淀。萍河全长 30km，流域面积 443km²，是一条有着千年历史的河流，在历史上发挥着航运功能，唐朝时期又名为"铜帮铁底运粮河"。随着流域内降水量的减少，工农业迅速发展，用水量增加，萍河水量逐渐减少，1997 年遭受干涸断流的窘境。

清水河，位于河北省保定市境内，旧称阳城河，向东北流经冉河头、南侯、黄陀，在东石桥、小望亭之间，汇入府河。

瀑河，属海河流域大清河水系，发源于河北省易县狼牙山东麓，流经易县、徐水区、安新县、容城县等地入藻杂淀，位于白洋淀西部。河流全长 73km，分为南北支流，南瀑河为泄水支流，北瀑河后因淤堵而废弃。

白沟引河，因流经白沟镇而得名，古时指拒马河的下游河流，现今指的是 1970 年开挖的人工河道。河流全长 12km，经容城流入白洋淀，沿河修有长堤，与白洋淀北堤相连。

历史上的白洋淀水源丰富、水质良好。然而，为了缓解流域内"十年九涝"的灾害问题，自 20 世纪 50 年代起，逐渐在其上游南部山区修建王快、西大洋等 6 座大型水库及 8 座中型水库，控制面积 10302.9km²，占流域山区面积的 55%，水库总库容为 34.86 亿 m³（邱琳，2017），水库的修建减轻了下游地区的洪涝灾害，但同时也使得入淀水量大大减少。目前，白洋淀上游的九条支流均为季节性河流，除汛期外常年干涸，其入淀水量基本依靠其北部支流——白沟引河，然而远远无法满足淀内的蓄水需求；漕河、孝义河、瀑河仅部分季节有水流入；潴龙河、唐河、萍河则常年断流。尽管如此，随着淀区上游保定市城市化进程的加快，社会经济的迅猛发展，城镇用水量加大，污水排放量增大，仅仅有水入淀的支流也成了接纳上游及周边污染物的河流，周边地区排放的生活、工业、畜牧业污水均通过府河、漕河、孝义河等南支汇流入淀（高芬，2008；齐丽艳，2009）。水资源的匮乏、入淀水质的恶劣，给淀区水环境造成巨大的压力，也严重制约着雄安新城的规划与组建，同时对华北平原经济发展和生态环境平衡造成严重影响。

1.3.5 水文资源

1.3.5.1 水文特征

据《白洋淀志》统计资料，淀内含水层为多结构含水岩系，岩性为一套灰黄、棕黄色

黏土、亚黏土、亚砂土及灰黄色、棕黄色和黑色矿物松散层，常见不同程度的锈斑、灰绿色条带，斑块分布散钙，并有钙化层钙质结核，砂层叠加厚度由西北、西、西南向东南、东、东北逐渐变薄，层次由少变多，砂层厚度由40m逐渐变薄到30m，砂层粒度变化为粗中砂～细中砂～细砂。据统计，淀区地下水一般平均埋深为2.71m，但由于区域内地下水补充量和开采量的变化，淀区内的地下水位发生变化。1985年白洋淀干涸后，地下水严重下降，再加上受高阳、蠡县、清苑漏斗影响，淀南、寨里、三台一带形成地下水漏斗。1988年重新蓄水后，淀周边地下水位明显上升，但由于淀南雁翎油田对深层水的大量开采，地下水位严重下降，当年地下水埋深达8.7m。

由于白洋淀水资源量紧缺、水体水质难以满足用水需求，流域内水资源的利用则基本上依靠地下水。据《2017年河北省水资源公报》统计数据，2017年河北全省总供水量181.56亿m³，其中地表水源供水量59.47亿m³，地下水源供水量115.92亿m³，地下水占比约为63.85%；2017年年末，河北省平原区浅层地下水埋深为17.47m，与上年同期相比，浅层地下水位平均下降0.21m。另外，有研究资料表明，淀内地下水与地表水的转化关系发生改变，原本为丰水期由地表水补给地下水、枯水期地下水补给地表水的双向转化关系，如今已经完全转变为淀内蓄水单向渗漏补给地下水。白洋淀位于世界上最大的"漏斗区"——华北平原之上。近年来白洋淀地下水位埋深持续增大，形成了一系列的"地下漏斗"，地下水流场由天然状态逐渐发展为非稳定状态（王青等，2013；邱琳，2017；艾慧等，2018）。地下水的过度攫取改变了产汇流条件，使得入淀水量进一步减少，一定程度上加速了白洋淀水面水位的下降和水生态环境的恶化。另外，由于白洋淀特殊的浅碟状地貌，淀内水面浅显且宽阔，再加之淀内种植有大面积的芦苇，使得水体的消耗量进一步加大，据统计，淀区每年计苇田蒸发量在内的天然蒸发量达1102mm，为区域内年均降水量的2.1倍，相当于1.8亿m³的水量（邱琳，2017）。

综上分析，淀区内的水文特征发生了巨大变化，主要表现为地下水超采、地下水渗漏、淀内蒸发、淀内水位下降、地下水与地表水转化关系的改变，这些都将对淀区内水环境及生态环境造成影响。

1.3.5.2 淀内蓄水量

白洋淀曾一度遭受干淀的境遇，自1919年淀内有水位记载以来，年内会全年出现干淀的年份共19年，其中1983—1987年连续5年干淀，1984—1986年淀内完全干涸（邱琳，2017）。近年来，在党中央、国务院及河北省政府的不懈努力下，采取多种措施保障白洋淀淀区的生态用水，主要通过人工调水补给等措施缓解白洋淀内水资源短缺的问题。1996—2019年，国家、河北省、保定市先后实施29次应急调水"济淀"，2004年2月16日至7月15日，"引岳济淀"补水工程实施，入淀水量达1.6亿m³；2006年11月24日至2007年3月5日，"引黄济淀"补水工程首次实施，1.0001亿m³黄河水补入淀内；2018年4—6月，南水北调中线一期工程首次正式向北方进行生态补水，济淀水量约为1亿m³，此次南水北调正常放水，加上保定两大水库的补水，白洋淀入淀补水量达10年来最大规模。如图1.3所示，2010—2017年，白洋淀内蓄水量得到明显提升，其中2013年年末，需水量达4.33亿m³，为1997年以来冬季水量最高值。截至2019年2月1日，淀区水位达到7.35m，为历年同期最高，水域面积达303km²，为历年同期最大；白洋淀补水河道周边

浅层地下水埋深与上年同期相比平均回升 0.96m，上游干涸 36 年的瀑河水库也重现水波荡漾的景象。淀区冬季水位提升，对提高淀区内水质质量、改善区域水生态环境，发挥着积极促进作用。

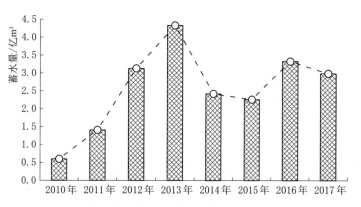

图 1.3　白洋淀年末蓄水量年际变化图（2010—2017 年）

1.3.6　生物资源

白洋淀是华北地区最大的淡水湖，对维持京津冀气候、改善温湿状况、保护生物多样性和珍稀物种资源发挥着至关重要的作用。据资料记载，白洋淀物种丰富，淀内有大型水生植物、陆生植物、水生动物、野生鸟类等多个物种，更是大鸨、丹顶鹤、白鹤等国家保护动物和珍惜濒危动物的栖息乐园。白洋淀常见大型水生植物 47 种，其中挺水植物 21 种、沉水植物 15 种、浮叶植物 7 种、漂浮植物 4 种。但随着淀区水生态环境遭受破坏，生物多样性有所减少。

1.3.6.1　浮游植物

浮游植物是水生态系统中的重要组成部分，位于食物链的基础环节，其种类变化和丰度组成对水体水质产生直接的影响（Cardinale et al.，2002）。白洋淀浮游植物物种调查结果如图 1.4 所示。由结果可知，1992 年淀内浮游植物共 162 种，隶属于 8 门 42 科 85 属，优势种为蓝藻、绿藻、裸藻和硅藻；后淀区遭受干淀危机，直至 1998 年淀内来水，浮游植物种类增值 258 种，隶属于 8 门 10 纲 23 目 41 科 98 属，并以绿藻为优势物种，占全部浮游植物种属数的 45％；2010 年调查结果显示，淀区内浮游植物 8 门 183 种，其中绿藻门 69 种，占全部浮游植物种属数的 37.7％；淀区内浮游植物群落已由蓝藻—硅藻型逐渐向蓝藻—绿藻型转变（李源，2010；刘存歧等，2016）。

1.3.6.2　水生植物

综合近年来研究调查结果（李源，2010；郑志鑫等，2017），白洋淀区水生植物名录如表 1.2 所示。由统计结果可知，2013—2015 年调查中共发现水生植物（图 1.5）39 种，隶属于 19 科 30 属，其中挺水植物 15 种，占总数的 38.46％；沉水植物 13 种，占总数的 33.33％；浮叶根生植物共 9 种，占总数的 23.08％；漂浮植物 2 种，占总数的 5.13％。淀内优势物种为芦苇（图 1.6）、金鱼藻、狭叶香蒲、篦齿眼子菜、马来眼子菜等；同时，芦苇也是淀区主要的经济和生态调节作物，具有调节气候、涵养水源、净化污水、改善水

表 1.2　白洋淀区水生植物名录（李源，2010；郑志鑫等，2017）

挺水植物 1992 年	挺水植物 2009 年	挺水植物 2013—2015 年	沉水植物 1992 年	沉水植物 2009 年	沉水植物 2013—2015 年	浮叶根生植物 1992 年	浮叶根生植物 2009 年	浮叶根生植物 2013—2015 年	漂浮植物 1992 年	漂浮植物 2009 年	漂浮植物 2013—2015 年
两栖蓼 Polygonum amphibium L.	两栖蓼 Polygonum amphibium L.	两栖蓼 Polygonum amphibium L.	金鱼藻 Ceratophyllum demersum L.	金鱼藻 Ceratophyllum demersum L.	金鱼藻 Ceratophyllum demersum L.	莲 Nelumbo nucifera	莲 Nelumbo nucifera	莲 Nelumbo nucifera	稀脉浮萍 Lemna perpusilla Torr.	稀脉浮萍 Lemna perpusilla Torr.	稀脉浮萍 Lemna perpusilla Torr.
水蓼 Polygonum hydropiper L.	水蓼 Polygonum hydropiper L.	水蓼 Polygonum hydropiper L.	五刺金鱼藻 Ceratophyllum oryzetorum Kom.	五刺金鱼藻 Ceratophyllum oryzetorum Kom.	五刺金鱼藻 Ceratophyllum oryzetorum Kom.	睡莲 Nymphaea tetragona	睡莲 Nymphaea tetragona	睡莲 Nymphaea tetragona	紫背浮萍 Spirodela polyrhiza L.	紫背浮萍 Spirodela polyrhiza L.	紫背浮萍 Spirodela polyrhiza L.
芦苇 Phragmites communis Trin.	芦苇 Phragmites communis Trin.	芦苇 Phragmites communi Trin.	穗状狐尾藻 Myriophyllum spicatum L.	穗状狐尾藻 Myriophyllum spicatum L.	穗状狐尾藻 Myriophyllum spicatum L.	菱 Trapa bispinosa Roxb.	菱 Trapa bispinosa Roxb.	菱 Trapa bispinosa Roxb.	槐叶萍 Salvinia natans L.	槐叶萍 Salvinia natans L.	
菰 Zizania caduciflora Griseb.	菰 Zizania caduciflora Griseb.	菰 Zizania caduciflora Griseb.	狸藻 Utricularia vulgaris L.	狸藻 Utricularia vulgaris L.	狸藻 Utricularia vulgaris L.	细果野菱 Trapa maximowiczii Korsh.	细果野菱 Trapa maximowiczii Korsh.	细果野菱 Trapa maximowiczii Korsh.			
荆三棱 Scirpus yagara Ohwi	荆三棱 Scirpus yagara Ohwi	荆三棱 Scirpus yagara Ohwi	菹草 Potamogeton crispus L.	菹草 Potamogeton crispus L.	菹草 Potamogeton crispus L.	荇菜 Nymphoides peltatum O. Kuntze	荇菜 Nymphoides peltatum O. Kuntze	荇菜 Nymphoides peltatum O. Kuntze			
花蔺 Butomus umbellatus	花蔺 Butomus umbellatus	花蔺 Butomus umbellatus	龙须眼子菜 Potarmogeton pectinatus L.	龙须眼子菜 Potarmogeton pectinatus L.	龙须眼子菜 Potarmogeton pectinatus L.	莼菜 Brasenia schreberi J. F. Gmel.	萍蓬草 Nuphar pumilum	萍蓬草 Nuphar pumilum			
小灯心草 Juncus bufonius L.	小灯心草 Juncus bufonius L.	小灯心草 Juncus bufonius L.	马来眼子菜 Potarmogeton malaianus Miq.	马来眼子菜 Potarmogeton malaianus Miq.	马来眼子菜 Potarmogeton malaianus Miq.	芡实 Euryale ferox	芡实 Euryale ferox	芡实 Euryale ferox			
稗 Echinochloa crusgalli L.	稗 Echinochloa crusgalli L.	稗 Echinochloa crusgalli. L.	光叶眼子菜 Potarmogeton lucens L.	光叶眼子菜 Potarmogeton lucens L.	光叶眼子菜 Potarmogeton lucens L.	水鳖 Hydrocharis dubia	水鳖 Hydrocharis dubia	水鳖 Hydrocharis dubia			
狭叶黑三棱 Sparganium stenophyllum	狭叶黑三棱 Sparganium stenophyllum	狭叶黑三棱 Sparganium stenophyllum	篦齿眼子菜 Potamogeton pectinatus L.	篦齿眼子菜 Potamogeton pectinatus L.	微齿眼子菜 Potamogeton maackianum L.	延药睡莲 Nymphaea stellata Willd.		眼子菜 Potamogeton distinctus			

续表

| 挺水植物 | | | 沉水植物 | | | 浮叶根生植物 | | | 漂浮植物 | | |
1992 年	2009 年	2013—2015 年	1992 年	2009 年	2013—2015 年	1992 年	2009 年	2013—2015 年	1992 年	2009 年	2013—2015 年
旱苗蓼 Polygonum lapathifolium L.	荻 Miscanthus. sacchariflorus	荻 Miscanthus. sacchariflorus	大茨藻 Najas marina L.	大茨藻 Najas marina L.	大茨藻 Najas marina L.						
莔蔺 Scirpus juncoides Roxb	慈姑 Sagittaria trifolia L.	慈姑 Sagittaria trifolia L.	小茨藻 Najas minor	小茨藻 Najas minor	小茨藻 Najas minor						
莎草 Cyperus rotundus L.	菖蒲 Acorus calamus	菖蒲 Acorus calamus	轮叶黑藻 Hydrilla verticillata	轮叶黑藻 Hydrilla verticillata	轮叶黑藻 Hydrilla verticillata						
华刺子莞 Rhynchospora chinensis	密穗砖子苗 Mariscus compactus	密穗砖子苗 Mariscus compactus	苦草 Vallisneria natans	苦草 Vallisneria natans	苦草 Vallisneria natans						
针蔺 Scabrousscale spikesedge	狭叶香蒲 Typha angustifolia	狭叶香蒲 Typha angustifolia	黄花狸藻 Utricularia Aurea Lour.	轮藻 Chara sp.							
锥囊苔草 Carexraddel Kukenth		宽叶香蒲 Typha latifolia	梅花藻 Batrachium trichophyllum								
水蒿 Artemisia selengensis											
水葱 Scirpus validus Vahl											
假稻 Leersia japonica											
香蒲 Typha orientalis											
蔊菜 Rorippa Montana											
蔍草 Scirpus triqueter L.											

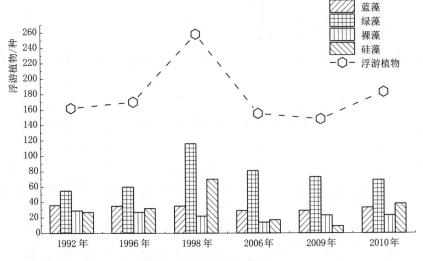

图 1.4　白洋淀浮游植物物种调查结果（1992—2010 年）

（李源，2010；刘存歧等，2016）

图 1.5　白洋淀主要水生植物（参见文后彩图）

质、维持系统生物多样性等重要生态价值。淀内分布面积较广的优势群落为芦苇群落、狭叶香蒲群落、金鱼藻群落、莲群落（图 1.7）、水鳖群落、龙须眼子菜群落、紫萍和槐叶萍群落。与 1992 年调查结果相比，白洋淀水生植物具有以下特征：①水生植物多样性降低，水生植物种类减少；其中旱苗蓼、萤蔺、莎草、华刺子莞、针蔺、锥囊苔草、假稻、水葱、水蒿、薢菜、焦草等挺水植物未被发现；黄花狸藻、梅花藻等沉水植物未被发现。②水生植物优势群落发生改变，水生植物群落生物量大幅下降；原本的茨藻、荇菜、轮叶黑藻、马来眼子菜等优势群

图 1.6　白洋淀水生植物芦苇（参见文后彩图）

图1.7　白洋淀水生植物荷花（参见文后彩图）

落消失；优势群落存在由沉水植物优势群落逐渐向挺水植物优势群落转变的趋势。③水生植物的分布格局发生变化，水生植物分布面积减少；水生生态系统内移，淀区具有向沼泽化发展的特征。

1.3.6.3　种子植物

2013—2015年，郑志鑫等（2017）通过踏查、路线调查、访问调查、现场观察、现场摄像、拍照及采集标本等方法，对白洋淀湿地境内的种子植物物种数量及组成进行了调查研究。结果显示，白洋淀共有种子植物72科223属371种，其中共有被子植物71科221属369种，占总科目数的98.61%，被子植物中包括双子叶植物56科159属263种，分别为白洋淀种子植物科、属、种总数的77.78%、71.30%、70.89%；单子叶植物16科64属108种，分别为白洋淀湿地种子植物科、属、种总数的22.22%、28.70%、29.11%；淀内裸子植物种类比较单一，仅为1科2属2种；另外发现外来物种23种，隶属于17属11科，其原产地多为美洲，可能与白洋淀的生态环境和气候条件与美洲较为相似有关，其中对白洋淀湿地生境危害较严重的外来物种为三叶鬼针草、反枝苋等，中度危害等级的为皱果苋、刺苋等，结果表明，淀内湿地植物外来物种的种类、数量和入侵危害均呈现上升趋势。根据《珍稀濒危保护植物名录》（1984）、《中国植物红皮书——稀有濒危植物（第一册）》（1991）和《国家重点保护野生植物名录（第一批）》（1999），此次调查发现白洋淀淀内有国家Ⅱ级重点保护野生植物1种：野大豆（*Glycine soja*）；河北省重点保护野生植物16种，即睡莲（*Nymphaea tetragona*）、河北杨（*Populus hopeiensis*）、远志（*Polygala tenuifolia Willd*）、芡实（*Euryale ferox*）、美蔷薇（*Rosa bella*）、黄耆（*Astragalus membranaceus*）、四角菱（*Trapa quadrispinosa*）、二色补血草（*Limonium bicolor*）、狸藻（*Utricularia vulgaris L.*）、黑三棱（*Sparganium stolonifer*）、小黑三棱（*Sparganium simplex*）、莕菜（*Nymphoides peltata*）、眼子菜（*Potamogeton distinctus*）、宽叶香蒲（*Typha latifolia L.*）、浮叶眼子菜（*Potamogeton natans*）和半夏（*Pinellia ternata*）。调查结果表明，白洋淀湿地种子植物属的分化程度较高；属的分布区类型远远多于科的分布区类型，但二者的优势类型高度一致；淀内世界分布属和热带分布属的种子植物较多；发现国家级重点保护野生植物1种，但在人为活动的影响下，野大豆的分布区也越来越小；另外，湿地内外来物种的出现当在今后给予重视。

1.3.6.4　底栖动物

底栖动物是一个庞杂的生态类群，多数长期生活在底泥中，具有区域性强、迁移能力弱等特点，对水环境变化反应敏感，当水体受到污染时，其群落结构、优势种类、数量分布等特征将发生改变，因此可作为水环境质量状况的指示物种（谢松等，2010b；宋关玲等，2015）。调查表明，1958 年，白洋淀淀内有底栖动物 35 种，优势物种为蚌类；1975 年，白洋淀蚌类的数量大减，软体动物和甲壳动物成为淀区底栖动物的优势物种；1980 年调查结果显示，淀区的螺类可达 5 个/m^2；2006 年 12 月、2007 年 3—11 月对白洋淀 9 个采样点的底栖动物进行了采样调查，共鉴定出底栖动物 23 种，其中软体动物 17 种、环节动物 2 种、水生昆虫幼虫 4 种；2011 年，淀区内共采集到底栖动物 13 种，与 1958 年的调查结果相比，白洋淀内底栖动物的种类减少了 62.86%，优势物种由原来的蚌类转变为蜗牛、螺类和水生昆虫（高芬，2008；蔡端波等，2010；谢松等，2010b；张璐璐等，2013）。同时，基于底栖动物的湿地健康评价结果表明（徐梦佳等，2012），离污染源较远、受人为干扰较小的枣林庄为健康状态；烧车淀、光淀张庄、东田庄和采蒲台水域，受淀内及淀中村居民生活排污的影响处于亚健康状态；圈头受到水产养殖业的影响处于不健康状态；鸳鸯岛水域受府河污染携带与旅游活动干扰影响大，处于不健康状态，且在所有样点中健康状况最差；王家寨和寨南水域周边村庄和农田分布密集，生活污水、农业源与水产养殖导致水域健康受损较为严重，处于不健康状态。淀内水产养殖业、农业种植、生活排污、旅游业等人为干扰是淀区内底栖动物的重要影响因素，同时也严重损害了淀区水环境和水生态健康。

1.3.6.5　浮游动物

浮游动物作为水环境食物网中的初级消费者和被捕食者，在物质循环和能量流动中具有重要作用和地位，浮游动物的种类和数量的变化与湖泊污染和富营养化程度关系密切，可作为水环境污染的指示生物（高芬，2008）。调查表明：1958 年，白洋淀淀内发现的浮游动物可分为原生动物、担轮动物、节肢动物 3 种门类，共计 85 属，其中原生动物 38 属，包括鞭毛纲 4 个属、纤毛纲 20 个属和肉足虫纲 14 个属，轮虫 60 种，枝角类 29 种；1975 年，底栖动物种数有所减少，其中原生动物为 24 属，轮虫 49 种，枝角类 23 种；1989 年，调查发现白洋淀内浮游动物 33 属共 205 种，其中原生动物 13 属 31 种，轮虫 11 属 119 种，枝角类 6 属 43 种，桡足类 3 属 12 种；1993 年，淀区发现原生动物 77 种（属），其中鞭毛虫 27 种（属），肉足虫 13 种（属），纤毛虫 37 种（属）；2014 年，白洋淀府河支流共检出浮游动物 81 种（不包含原生动物），其中轮虫 56 种，枝角类 19 种，桡足类 6 种。由调查数据可知，1993 年淀区原生动物种属明显增加，主要由于调查方法有所差异导致。总体看来，淀区内浮游动物的门类由 3 种增加为 4 种，即原生动物、轮虫、枝角类和桡足类；浮游动物的种类和种群数量变化较大；浮游动物作为水环境污染和富营养化程度的指示生物，当水环境遭受污染、水体富营养化程度较高时，浮游生物的多样性降低，但其个体数量和生物量增加，2003 年的研究结果表明，纤毛虫作为淀区内浮游动物优势种，其空间分布变化趋势随区域内 TN、TP、BOD_5 含量的增高而增加（冯建社，2005；高芬，2008；张铁坚等，2016）。

1.3.6.6 鱼类

20世纪50年代，白洋淀鱼类丰富，但随着白洋淀的演变以及水环境的变化，鱼类资源的种类和数量发生改变，其变化情况如图1.8所示。调查表明（高芬，2008），1958年，白洋淀栖息着鱼类11目17科50属54种，经济鱼类以鲤科为主，鲶科、鳅科、鲳科和鲱科次之，此外，还栖息有溯河性鱼类鲻科、鳗鲡科等；1975—1976年，受干淀和水质污染的影响，淀内鱼类资源种类减少，优质鱼出现小型化和低龄化的趋势，鱼类资源调查结果共计5目11科33属35种，其中鲤科21种，占总数的60%，为优势种群，溯河性鱼类基本绝迹，青鱼、鲂鱼和草鱼等种群大量减少或基本消失；1980年，鱼类共计8目14科37属40种，其中鲤科25种，占总数的62.5%，经济鱼类种数下降；1989—1990年，淀区重新蓄水后，调查共发现鱼类5目11科23属24种，其中鲤科13种，占总数的54.17%（曹玉萍，1991）；进入21世纪，随着淀内水生态环境的恶化，淀中耐污染、耐低氧的鱼类数量增多，尤其是鲫鱼类，现已转变为明显的优势物种；2001—2002年，调查共发现鱼类7目12科30属33种，其中鲤鱼17种，占总数的51.5%，并发现鲻科、鳗鲡科等溯河性鱼类（曹玉萍等，2003）；2007—2009年，得益于"引黄济淀"调水工程，共采集到鱼类资源恢复为7目11科25种，其中鲤科15种，占总数的60%，并发现马口鱼、棒花鱼、鳜鱼等一度绝迹鱼类的踪迹（谢松等，2010a；彭吉栋，2015）。

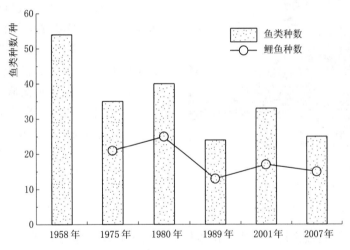

图1.8 白洋淀区域内鱼类资源变化情况

1.3.6.7 禽鸟类

白洋淀素有"天然氧吧""鸟类故乡"之称。21世纪初，白洋淀共记录鸟类34科97种。2011年，据安新县白洋淀湿地自然保护区管理处统计，白洋淀鸟类已达200种，隶属于16目46科406属，包括大鸨、白鹤、丹顶鹤、东方白鹳国家Ⅰ级重点保护鸟类4种；灰鹤、大天鹅、鹰科等国家Ⅱ级重点保护鸟类26种。王义弘等（2018）2016—2017年夏季调查结果显示，夏季共记录鸟类14目31科66种。其中夏候鸟34种，占总数的51.52%；留鸟20种，占总数的30.30%；旅鸟11种，占总数的16.67%；古北型鸟类1种，占总数的1.51%；优势种为东方大苇莺、麻雀、家燕，占鸟类总数量的38.94%；并

发现国家 II 级重点保护鸟类 1 种（红隼）；《国家保护的有益的或者有重要经济、科学研究价值的陆生野生动物名录》中的保护鸟类 59 种；河北重点保护鸟类 22 种；《世界自然保护联盟濒危物种红色名录》（简称 IUCN 红色名录）中记载的物种 3 种，其中极危级物种 1 种（青头潜鸭），近危级物种 2 种（震旦鸦雀和白眼潜鸭）；以上调查结果也说明，白洋淀为河北省部分珍稀鸟类夏季重要栖息地之一。鸟类是湿地生态系统食物网顶端的生物类群和珍稀濒危物种最多的生物类群，作为湿地生态系统的重要组成部分，鸟类的分布、数量、群落组成和多样性特征是衡量湿地生态系统健康的重要指标之一（王强等，2007）。

1.4　白洋淀人文社会特征

1.4.1　淀区人口概况

白洋淀早有人烟。早在全新世初期，原始先民就已到靠近白洋淀的地区活动。淀区共涉及保定、沧州两个地区的 5 县（市），23 个乡镇。淀内村庄、苇地、园田星罗棋布。据统计，淀内纯水村 39 个，淀边半水村 134 个，淀区人口约为 36.48 人（1989 年安新县），其中纯水村人口数量，占淀区总人口的 22.20%；淀边人口占总人口的 77.80%。淀区居民由多个民族组成，除汉族外，还包含蒙古族、回族、维吾尔族、苗族、彝族、壮族、布依族、朝鲜族、满族、侗族、瑶族、达斡尔族、土家族、傈僳族等 14 个少数民族，但少数民族居民的数量很少，数量共计 344 人，占淀区总人口的 0.1‰（安新县地方志编纂委员会，1996）。白洋淀淀区内居民居住环境如图 1.9 所示。

图 1.9　白洋淀淀区内居民居住环境
（参见文后彩图）

1.4.2　淀区经济结构

白洋淀人民依托淀区优越的水资源条件，发展了独具特色的水经济。淀区的传统产业为渔业和芦苇产业。水区、淀边区的人民除部分经营少量土地外，世代主要靠打鱼、编织为生，而距淀稍远的人民则以苇编和务农为业。渔业成为白洋淀的重要产业，为淀区及其周边人民的主要经济来源。随着中国国内旅游业的兴起，白洋淀逐渐成为旅游胜地，并于 2007 年被评为中国 AAAAA 级旅游风景区。

1.4.2.1　渔业

白洋淀渔业主要包括捕捞渔业和养殖渔业两大类。白洋淀捕捞生产历史悠久。沧海桑田、几度兴衰，主要通过捕捞鱼、虾、鳖、蟹、贝；采摘水生植物的果、根、茎、叶。与此同时，历史上的白洋淀水质良好，生物丰富，利用沟壕、小型淀泊养鱼，淀区地理条件优越，淀内饵料充裕，为白洋淀养殖渔业的发展提供了得天独厚的优越条件。然而，白洋淀历经沧桑，几度遭遇干淀危机，为改善白洋淀水域水体水质，修复白洋淀生态功能，确保白洋淀行洪和水陆交通的安全，2018 年 9 月，雄县和安新县先后出台发布关于禁止白洋淀水域水产养殖的"禁令"，并于 2019 年开始实施，通告指出，白洋淀水域不得进行水产养殖，已经养殖的，务必于 2018 年 10 月 31 日以前自行清除养殖设施。在非休渔期间，取得捕捞许可证的渔民可使用符合规定的捕鱼网具进行捕鱼，保证市场供应。这一举措加快了对淀区内部违规水产养殖的清除，改善了水体水质并修复了水域生态环境。与此同时，当地水产畜牧局持续开展增殖放流工作，在施行禁渔令后，加大增殖放流力度，不断提升白洋淀野生鱼的产量和质量。2019 年 3 月 19 日，安新县水产畜牧局在白洋淀水域开展鲢鳙鱼增殖放流活动，将 140 万尾、14 万 kg 鲢鳙鱼种撒入白洋淀，此次增殖放流对白洋淀渔业资源恢复、生态环境修复和渔民增收起到积极的促进作用。

1.4.2.2 芦苇业

白洋淀是全国著名的芦苇产区，淀内的芦苇经历代淀区人民的培植，汰劣择优，逐渐成为今天质优用广的芦苇品种，因产量庞大、质地优良而闻名遐迩。淀区芦苇年产量在 7 万 t 以上。"一淀水一淀银，一寸芦苇一寸金"，淀区人民利用芦苇编制席、篓、箔、帘等制品，曾是淀区的重要经济来源，也是淀区经济发展的支柱之一。20 世纪八九十年代，是白洋淀芦苇的黄金时期，而苇箔更是远销海外，深受日本、韩国等东南亚地区人民的喜爱。随着社会经济的发展，以及淀区苇田面积的缩减，鱼篓、苇席、苇箔市场逐渐走向落寞。然而，以苇画为代表的"芦苇文化"产业的市场需求和生命力日趋显现。2009 年，白洋淀芦苇画被列入河北省非物质文化遗产。除芦苇画外，还有其他芦苇艺术编织品、装饰品。目前，安新县 5 家苇编工艺厂年产苇编工艺画 1.5 万幅，产值 1000 多万元。产品远销美国、加拿大、日本等十多个国家和地区（朱静等，2014）。以芦苇画为代表的芦苇艺术品因经济的进步、旅游与文化产业的发展，其经济价值与发展潜力不断显现（路涛，2017）。

1.4.2.3 航运业

由 2013 年《保定地方志》的记载资料可知，白洋淀淀区主航道是天津至保定航线的组成部分，为人工挖掘的深槽，自安州镇经安新县城、王家寨、李庄子、赵庄子、刘庄子、杨庄子、何庄子走通天河进大清沟子至任丘市枣林庄船闸，全长 29km，航道底宽 15～20m，为Ⅵ级航道，最高通航水位 9.10m，最低通航水位 5.90m。白洋淀客运码头及配套设施是 1999 年投资 4300 万元兴建，2000 年 5 月正式投入使用。客运码头的主码头为环形斜坡式，浆砌条石台阶，拥有泊位 60 个，码头总长度 317m，宽度 105m，开口处 60m，最大靠泊能力 1500t，日吞吐量可达万人以上。附港位于主港池东侧，长 190m，宽 85m，为封闭式条石护坡环绕而成，码头西侧为占地 20600m² 的码头广场，与码头相连接的有停车场 3 个，总占地 4 万余 m²。修建专线公路及引道 6km，为华北地区最大的内陆码头。

1.4.2.4 旅游业

2007 年 5 月 8 日，白洋淀景区正式获批为国家 AAAAA 级旅游景区（图 1.10）。白洋淀旅游资源具有独特性、历史性和神秘性（廉艳萍，2007），作为"中华优秀传统文化"的重要价值载体，承载着悠久的中国传统文化，更是拥有着深厚的革命历史底蕴。白洋淀自然资源与文化资源丰富，旅游开发禀赋上佳，雄安新区的设立更是为白洋淀旅游业带来

了历史性的发展机遇，将有望帮助白洋淀完成世界一流景区的升级任务，并从根本上改变整个白洋淀地区的旅游发展格局。旅游业已成为白洋淀地区经济的一个重要组成部分，白洋淀正以其优美的湿地景观和得天独厚的地理优势，吸引着众多游客来此领略自然之美，饱受革命文化熏陶。同时，淀区旅游业的发展必将推动区域社会经济的可持续发展，也将使白洋淀湿地生态环境的保护和发展走上良性循环和可持续发展的道路。

图 1.10 白洋淀景区商业景观（详见文后彩图）

1.4.3 周边产业经济

1.4.3.1 保定市

保定市位于河北省的中部，雄安新区的上游，入淀河流均流经保定市后汇入白洋淀内，保定的河湖状况及社会经济发展将直接影响着白洋淀的水环境。截至 2017 年年末，保定市下辖 5 个市辖区，15 个县、4 个县级市（定州为省直管市）。2017 年年末全市及各县（市、区）总人口为 1081 万余人（2017 年《保定市经济统计年鉴》），全市生产总值（地区 GDP）完成 3227.3 亿元（图 1.11），比 2016 年增长 6.0%（不含雄安增长 7.3%）。其中，第一产业增加值 379.1 亿元，增长 3.7%；第二产业增加值 1472.2 亿元，增长 2.5%；第三产业增加值 1376.0 亿元，增长 11.2%。三次产业结构为 11.7∶45.7∶42.6。全市人均生产总值（人均 GDP）30891 元，比 2016 年增长 5.4%。

保定市第二产业和第三产业占比较大，工业和旅游业发展迅速，胶片厂、钞票纸厂、化纤厂、变压器厂、蓄电池厂、铸造机械厂、棉纺厂等一批老骨干企业仍在发挥着重要作

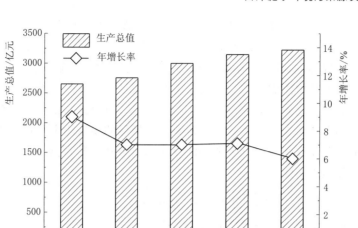

图 1.11　保定市 2013—2017 年生产总值及年增长率
（数据来源于 2017 年《保定市国民经济和社会发展统计公报》）

用，20 世纪 80 年代先后兴建的汽车制造、塑料加工、金属加工、啤酒饮料等企业也不断发展壮大。然而，随着工业化进程不断推进，社会经济的快速发展，由此产生的废水、污水、固体废物等污染物随入淀河流注入白洋淀内，保定市区及白洋淀周边重点县（市）的工农业生产与白洋淀水环境质量紧密相关，对白洋淀水环境污染治理产生着重要影响。

1.4.3.2　安新县

安新县隶属于河北省保定市，由雄安新区托管，并拥有着白洋淀 85% 的水域面积，县区内经济发展及产业分布情况与白洋淀水环境安全及水生态保护紧密相关。经过长时间的经济发展安新县逐步形成了集回收、电解、线缆加工、精密仪器制造于一体的完整产业链，成为华北地区最大的废旧有色金属集散地。2011 年，安新县生产总值完成 60.98 亿元，三次产业结构比重为 18：30：52。其中，农业总产值为 11 亿元；以养鸭业为主的畜牧业总产值为 6 亿元；渔业以鲢鱼、草鱼、鳊鱼、鲫鱼、鲤鱼及河蟹为主，总产值为 2 亿元；安新县 2011 年工业总产值比上年增长 23.82%，制鞋、服装、针织、毛纺、柳编、造纸、食品加工、建筑、有色金属冶炼、羽绒加工为县区的十大骨干行业；此外，2011年安新县旅游总收入达 6.7 亿元，全年累计接待游客数量为 135 万人次，其中白洋淀则被称为是"到河北，不得不去的地方"之一。安新县农业产业化步伐加快，工业经济发展向好，旅游经济发展迅速，与此同时，也为白洋淀水环境改善和保护带来了机遇与挑战。

1.5　白洋淀水环境污染源及主要问题

1.5.1　白洋淀水质现状

据《中国环境统计年鉴》2009—2017 年的监测数据显示（图 1.12），白洋淀水质多为 V 类，多处于中度富营养水平，其中 2014 年为轻度富营养水平。另外，由图 1.13 可以看

出，2004—2015 年，白洋淀 IV 类水质的水域面积逐渐减小，其中 2008 年和 2014 年水质有所改善。据河北省水质月报的统计数据（2018 年 1—12 月），2018 年间，3 月、5 月、6 月、10 月、11 月白洋淀水质达到 IV 类水质，为轻度污染水平。近年来，白洋淀的水质总体在明显改善，水质类别由劣 V 类、V 类逐渐改善为 IV 类，但距 III 类水质目标还有一定的差距。根据《地表水环境质量标准》（GB 3838—2002）中的水域功能分类，IV 类地表水水域环境主要适用于一般工业用水区及人体非直接接触的娱乐用水区；V 类主要适用于农业用水区及一般景观要求水域，目前白洋淀淀区水质距其水源涵养、生态保护等功能定位还有很大的改善和治理空间。

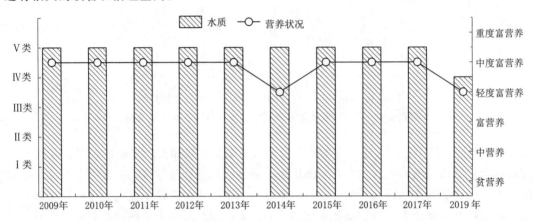

图 1.12　白洋淀近年来水质变化及富营养化情况
（数据来源于《中国环境统计年鉴》）

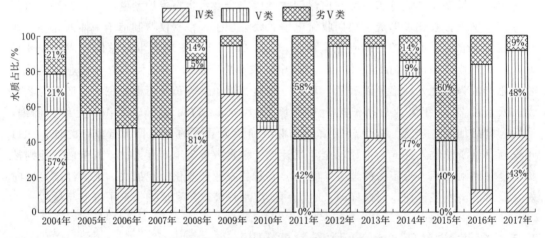

图 1.13　白洋淀各类水质面积占比波动情况
（数据来源于《海河流域水资源公报》）

白洋淀近年来水质变化及富营养化情况如图 1.12 所示，2009—2017 年，淀内水体多处于中度富营养水平，2014 年为轻度富营养水平，目前水质主要超标指标为 BOD_5、TP、COD。随着白洋淀生态环境治理任务的不断推进，2018 年 1 月至 2019 年 2 月，白洋淀水体的富营养情况有所改善，仅 2018 年 7 月和 8 月为中度富营养，其余月份均为轻度富营养状态。

另外，白洋淀内源 N、P 负荷已成为加剧白洋淀富营养化的重要污染源。研究表明（杜奕衡等，2018），白洋淀沉积物存在严重的 N、P 污染，且沉积物中 N 的累积比 P 更加突出，尽管目前淀内水体营养盐污染指标中 P 的污染问题较为突出，但对于淀区内沉积而言，N 的累积现象不容忽视；从空间格局来看，人口分布密集的淀区北部和中部区域沉积物中的 N、P 含量总体高于南部，其中，郭里口村、泥李庄村和大张庄村附近区域内沉积物 N、P 赋存量明显高于淀区其他区域，成为对淀区 N、P 污染负荷较大的区域，对白洋淀水质及水环境安全造成严重威胁，这一特征说明人类活动是白洋淀沉积物 N、P 污染的主要来源；内源负荷对白洋淀水体富营养化存在较大贡献，当在今后白洋淀水生态环境整治过程中给予重视。

1.5.2 主要污染源

白洋淀水环境污染源可分为外源和内源两大类。其中，外在污染源又可分为点源和非点源两大类。点源污染主要是指由上游入淀河流所带来的污染物，其中府河承载着保定市排放的生活污水和工业污水，入淀河流的污染物则尤以府河带入淀内的污染物为主，上游河道来水携带的污染物，对白洋淀水环境造成了严重的影响（梁宝成等，2007）。另外，淀区沿岸的羽绒、制鞋、有色金属加工等资源消耗型产业产生的污染物未经处理或处理未达标就排入淀内，也使得入淀污染物总量大幅增加（林娜，2019）。

淀区水环境的非点源污染主要包括淀区农业污染、淀区生活污染、淀区内旅游开发污染三大类。淀区内农业种植化肥、农药的施用，家禽养殖等畜牧业产生的废弃物等严重污染着淀区水域的水质。与此同时，淀区内村落密布，当地居民生活污水直接入淀、生活垃圾（图 1.14）沿岸堆放的问题，对白洋淀水环境安全造成严重威胁，水污染问题亟待改善和治理（秦哲等，2017）。近些年，白洋淀旅游业发展迅速，观光游客络绎不绝，尤其雄安新区的设立更是为白洋淀旅游业的蓬勃发展带来了良机。然而，随之产生的水环境污染问题也

图 1.14 淀区内居民生活垃圾（参见文后彩图）

日趋严重，游客丢弃的垃圾、游览船只排放的油污等污染物，进一步加重了白洋淀水环境的人为污染程度（梁宝成等，2007；孟睿等，2012）。

另外，沉积物作为水环境的重要组成部分，既是水环境中众多污染物的"汇"，同时也是水环境的潜在污染源。当水环境中氧化还原电位、溶解氧（DO）含量、温度和微生物作用等条件发生改变时，均会使得赋存于沉积物中的污染物向水体中释放（李鑫等，2019）。白洋淀水环境污染整治迫在眉睫，其中，沉积物内源污染负荷的削减亦成为淀区水环境保护和水生态平衡恢复的关键（杜奕衡等，2018）。

1.5.3 白洋淀水环境问题

由于工业和农业的迅速发展，20 世纪 90 年代开始，白洋淀生态环境问题频发，水生态平衡面临挑战，生物多样性锐减（Xu et al.，1998），除生境破碎、水资源紧缺等问题外，水环境污染问题带来的保护与治理任务依旧相当艰巨。如富营养化（Chen et al.，2008）、水质恶化（Liu et al.，2010）、有机和无机污染（Gao et al.，2013；Guo et al.，2011；Zhang et al，2014）等。1988—2000 年白洋淀长期水质监测资料显示，淀区水质的主要污染指标包括 6 类：NH_3—N、COD_{Mn}、BOD_5、TP、TN、DO 含量；挥发酚、氰化物、Hg、As、Cr^{6+} 等重金属污染物虽不是水体的主要污染物，但其检出值呈现出逐年增加的趋势（梁宝成等，2007）。然而，2004 年后的监测数据则显示，白洋淀沉积物中 As、Cd 和 Pb 浓度急剧增加，且 Cd 污染程度极为严重，As 污染较重，这将为淀区水环境造成污染风险（高秋生等，2019）。另外，淀区内有机肥料的使用、餐饮业及旅游业也向淀内排放大量的有机污染物，有机污染也成为淀区水环境的重大污染问题之一（孟睿等，2012）。

第 2 章

白洋淀金属及稀土元素赋存
特征、风险评估与来源解析

重金属是环境中一类特殊的污染物，因其高毒性、累积性和不可降解性，可通过食物链累积到人体，对人类健康产生威胁。近年来，重金属污染事件的频发引起了人们对重金属污染的广泛关注。据报道，在土壤污染的众多来源中，重金属污染高居首位。自20世纪70年代以来，重金属污染的调查与污染治理备受关注。重金属污染一直是环境科学领域研究的热门课题之一。由于人为活动，金属通过大气沉降、污水和废水排放进入水生态系统（Rajeshkumar et al.，2018；Yang et al.，2014），超过90％的金属在沉积物中累积，并成为水环境中金属的潜在来源（Beutel et al.，2008；Rajeshkumar et al.，2018）。因此，水环境中金属的风险评估和来源解析是评价金属污染程度和确定金属来源的必要手段（Miller et al.，2014；Yang et al.，2014）。

关于白洋淀水体及沉积物中金属污染物的相关研究陆续开展，与营养盐研究相比，白洋淀金属污染物的研究相对较少。已有研究主要围绕鱼体、底栖动物及水生植物等淀区生物体内金属污染物的累积特征及其与金属污染物之间的相互影响（韩娟等，2016；滑丽萍等，2006；李明德等，1996；张璐璐等，2013）；以及沉积物中常规重金属元素的污染特征、形态分布和生态风险（胡国成等，2011；李必才等，2012；李经伟等，2007；杨卓等，2005a；赵钰等，2013）等方面开展；而人类活动对白洋淀金属污染的影响仍不清晰，同时关于白洋淀水体内金属污染物的研究相对较少。

本章总结了2004—2010年白洋淀沉积物中金属污染的时空变化和历史演变趋势，明晰了白洋淀水体、沉积物中金属元素及稀土元素的赋存特征和生态环境风险；建立了金属的区域地球化学基线，然后利用地球化学基线定量计算金属的人为输入贡献率，并利用地累积指数法、潜在生态危害指数和富集因子法评价金属的污染风险；同时利用铅同位素比率确定人为输入来源和传输路径，并结合环境影响评价模型和健康风险评价模型预测沉积物在悬浮过程中金属元素对环境的影响。

2.1　白洋淀水体中金属元素的赋存特征及健康风险评价

2.1.1　样品的采集与前处理

2009年10月，在白洋淀采集了18个表层水样品，采样深度为0.5m，在同一个采样点选取有代表性的样点采集3个水样进行混合。白洋淀表层水样品采样点位见图2.1。在每个采样点，将水样放置于聚乙烯小瓶中，贴标签后带回实验室。在实验室，水样过$0.45\mu m$滤膜，加浓硝酸酸化（pH值小于2）后，于4℃下保存、待测。采用Elan DRC-e型ICP-MS（美国Perkin-Elmer公司）测定水样中15种金属元素的含量。

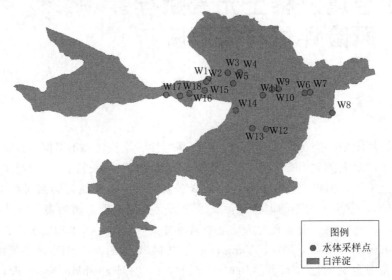

图2.1　白洋淀表层水样品采样点位

2.1.2　白洋淀水体中金属的赋存特征

白洋淀水样中金属元素浓度的最小值、最大值、平均值和标准差见表2.1。15种金属元素的浓度范围分别是：Li为$8.64\sim16.48\mu g/L$，V为$0.72\sim5.04\mu g/L$，Cr为$0.15\sim6.79\mu g/L$，Mn为$10.49\sim119.72\mu g/L$，Fe为$119.27\sim342.68\mu g/L$，Co为$0.07\sim0.54\mu g/L$，Ni为$1.22\sim6.73\mu g/L$，Cu为$1.19\sim2.56\mu g/L$，Zn为$15.20\sim36.50\mu g/L$，Se为$0.06\sim1.33\mu g/L$，Sr为$262.31\sim582.77\mu g/L$，Cd为$ND\sim0.06\mu g/L$，Ba为$43.91\sim96.79\mu g/L$和Pb为$0.18\sim0.96\mu g/L$。Cr、Zn、Cd和Pb的浓度范围均小于以往的研究（温春辉，2009）。各金属元素的平均浓度大小依次为Sr>Fe>Mn>Ba>Zn>Li>Ni>V>Cu>Cr>Se>Pb>Co>Cd。其中，Mn、Fe、Co、Se、Ni、Cu、Zn、Cd和Pb的最大值均出现在安新桥（W17）上。安新大桥位于保定市的纳污河——府河淀口，历年来污染均相对较重，而B、V、Mn、Fe、Co和Se的最小浓度出现在枣林庄。枣林庄位于白洋淀出口附近。保定市的工业废水和生活污水排入府河（杨卓等，2005a，2005b），金属也会通过径流释放到白洋淀，在从入口到出口的迁移过程中吸附沉降，造成白洋淀出口处的金属浓度低于入口。

根据《地表水环境质量标准》（GB 3838—2002），地表水按功能可划分为五级。白洋淀的功能区划定位是《地表水环境质量标准》的Ⅲ类：主要适用于集中式生活饮用水地表水源地二级保护区、鱼虾类越冬场、洄游通道、水产养殖区等渔业水域及游泳区。白洋淀水体中的金属元素浓度远低于《生活饮用水卫生标准》（GB 5749—2006）和《地表水环

境质量标准》（GB 3838—2002）的规定限值。因此，在本书中，地表水中的所有金属元素浓度都符合规定要求。

表 2.1 　　　　　　　　　　　　白洋淀水体中金属元素浓度　　　　　　　　　　　单位：μg/L

元素	最小值	最大值	平均值	标准差	GB 5749—2006	GB 3838—2002（Ⅲ类水）
Li	8.64	16.48	11.45	2.51		
V	0.72	5.04	3.26	1.33		50
Cr	0.15	6.79	1.23	1.74	50	50
Mn	10.49	119.72	75.26	32.18	100	100
Fe	119.27	342.68	251.79	61.75	300	300
Co	0.07	0.54	0.30	0.16		1000
Ni	1.22	6.73	3.70	1.71	20	20
Cu	1.19	2.56	1.82	0.45	1000	1000
Zn	15.20	36.50	21.66	7.13	1000	1000
Se	0.06	1.33	0.57	0.42	10	10
Sr	262.31	582.77	347.04	81.39		
Cd	N. D.	0.06	0.02	0.02	5	5
Ba	43.91	96.79	71.12	15.26	700	700
Pb	0.18	0.96	0.50	0.22	10	50

2.1.3　白洋淀水体金属的健康风险评价

金属可通过三种途径对人类构成威胁：摄入、皮肤吸收和呼吸吸入（Smith et al.，1992）。饮用水对人体产生危害的最直接接触途径是饮用受污染的水。然而，仅通过金属元素的实测浓度及其水质标准的对比分析，无法确定水体中金属对人体的危害。事实上，水环境中的金属元素含量虽然可能低于相应的水质标准，但由于其毒性较大，经健康风险评价后仍可能会成为水体中的潜在污染物。因此，对水环境中金属污染所引起的人体健康风险评价研究具有重要的科学和现实意义。

健康风险评价是通过估算有害因子对人体产生不良影响发生的概率，从而来评价该有害因子对人体健康产生威胁的风险。通过健康风险评价，可以将水环境污染与人类健康联系在一起。目前健康风险评价已成为环境风险评价的重要组成部分。我国的风险评价研究起步较晚，主要是利用美国环境保护署（EPA）推荐的环境风险评价模型对不同类型水体中金属污染进行健康风险评价。

健康风险评价主要针对水环境中的两类物质：基因毒物质和躯体毒物质。基因毒物质包括放射性污染物和化学致癌物；躯体毒物质指非致癌物质。其中 Cr 和 Cd 是基因毒物质；而其他金属为躯体毒物质。风险评价考虑人类生命经的四个阶段：婴幼儿、青少年、成人和老人。

化学致癌物导致的致癌风险的计算公式如下（US EPA，1992）：

$$R^c = \sum_{j=1}^{j} R_j^c \qquad\qquad (2-1)$$

$$R_j^c = [1 - e^{(-D_j \times q_j)}]/Y \qquad\qquad (2-2)$$

$$D_j = Q_i \times C_j / W_i \qquad\qquad (2-3)$$

式中：R^c 为由化学致癌物（金属 Cd、Cr）引起的总致癌风险；R_j^c 为金属 j 通过饮水产生的年均致癌风险，a^{-1}；q_j 为金属 j 的致癌因子，mg/(kg·d)；D_j 为金属 j 经饮水途径产生的单位体重日均暴露剂量，mg/(kg·d)；Y 为人类平均寿命，a；Q_i 为人均每日饮水量，L；C_j 是金属 j 的浓度，mg/L；W_i 为人均体重，kg。

躯体毒物质导致的非致癌风险的计算公式如下：

$$R^n = \sum_{k=1}^{k} R_k^n \qquad\qquad (2-4)$$

$$R_k^n = (D_k/R_f D_k) \times 10^{-6}/Y \qquad\qquad (2-5)$$

$$D_k = Q_i \times C_k / W_i \qquad\qquad (2-6)$$

式中：R^n 为总非致癌风险；R_k^n 为金属 k 通过饮水产生的年均非致癌风险，a^{-1}；$R_f D_k$ 为金属 k 的参考剂量，mg/(kg·d)。

假设金属对人体健康的危害作用呈相加关系，而不是协同或拮抗关系，则饮水途径产生的总健康风险是致癌风险和非致癌风险的综合：

$$R = R^c + R^n \qquad\qquad (2-7)$$

致癌物质的致癌强度系数 Q_i 和非致癌物质的参考剂量 $R_f D_k$ 见表 2.2。表 2.3 列出了美国环境保护署（EPA）、国际辐射防护委员会（ICRP）、荷兰建设和环保部、瑞典环保局和英国皇家协会规定的最大可接受风险和可忽略风险。其中，最大可接受水平为 $1 \times 10^{-6} \sim 1 \times 10^{-4} a^{-1}$，最大可忽略风险水平为 $1 \times 10^{-8} \sim 1 \times 10^{-7} a^{-1}$。

表 2.2   风险评价模型参数 Q_i 和 $R_f D_k$ 取值

致癌物质	Q_i /[mg/(kg·d)]	非致癌物质	$R_f D_k$ /[mg/(kg·d)]
Cd	6.1	Li	0.02
Cr	41	V	1.00×10^{-3}
		Mn	2.40×10^{-2}
		Co	3.00×10^{-4}
		Ni	0.02
		Cu	5.00×10^{-3}
		Zn	0.3
		Ba	0.2
		Pb	1.40×10^{-3}

表 2.3		不同组织规定的可接受风险水平和可忽略风险水平	
机 构	最大可接受风险水平/(a⁻¹)	可忽略风险水平/(a⁻¹)	备注
美国环境保护署	1×10^{-4}		辐射
国际辐射防护委员会	5×10^{-5}		辐射
荷兰建设和环境部	1×10^{-6}	1×10^{-8}	化学物质
瑞典环保局	1×10^{-6}		化学物质
英国皇家协会	1×10^{-6}	1×10^{-7}	

2.1.3.1 非致癌物质健康风险评价结果

本书选取的非致癌物质为 Li、V、Mn、Co、Ni、Cu、Zn、Ba 和 Pb。根据健康风险评价模型和评价参数，白洋淀水体中非致癌金属对人体产生的健康风险计算结果见表 2.4。总体来说，婴幼儿、青少年、成人和老人的平均总非致癌风险的平均值分别为 $6.49\times10^{-9}a^{-1}$、$5.53\times10^{-9}a^{-1}$、$6.22\times10^{-9}a^{-1}$ 和 $5.33\times10^{-9}a^{-1}$。该风险值比英国皇家协会以及荷兰建设和环境部规定的可忽略风险水平低 1~2 个数量级（Geng et al.，2016；Zhao et al.，2017），说明本书选取的金属产生的非致癌风险可以忽略，不会对人体健康产生明显的危害。具体来说，本书选取的各金属在人类四个发育阶段的平均非致癌风险的大小顺序均为：Zn＜Ni＜Ba＜Pb＜Cu＜Li＜Co＜Mn＜V。Li、V、Mn、Co、Ni、Cu、Zn、Ba 和 Pb 产生的非致癌风险分别占总非致癌风险值的 6.16%、35.09%、33.74%、10.69、1.99%、3.92%、0.78%、3.83% 和 3.86%，说明 V 和 Mn 是造成非致癌风险的主要元素。

表 2.4 水体中金属通过饮水途径产生的致癌风险和非致癌风险

元 素		婴幼儿	青少年	成人	老人
非致癌元素	Li	4.00×10^{-10}	3.40×10^{-10}	3.83×10^{-10}	3.28×10^{-10}
	V	2.28×10^{-9}	1.94×10^{-9}	2.18×10^{-9}	1.87×10^{-9}
	Mn	2.19×10^{-9}	1.86×10^{-9}	$2.·10\times10^{-9}$	1.80×10^{-9}
	Co	6.94×10^{-10}	5.91×10^{-10}	6.65×10^{-10}	5.69×10^{-10}
	Ni	1.29×10^{-10}	1.10×10^{-10}	1.24×10^{-10}	1.06×10^{-10}
	Cu	2.54×10^{-10}	2.17×10^{-10}	2.44×10^{-10}	2.09×10^{-10}
	Zn	5.04×10^{-11}	4.29×10^{-11}	4.83×10^{-11}	4.14×10^{-11}
	Ba	2.48×10^{-10}	2.11×10^{-10}	2.38×10^{-10}	2.04×10^{-10}
	Pb	2.50×10^{-10}	2.13×10^{-10}	2.40×10^{-10}	2.05×10^{-10}
	总非致癌风险	6.49×10^{-9}	5.53×10^{-9}	6.22×10^{-9}	5.33×10^{-9}
致癌元素	Cd	7.27×10^{-8}	6.19×10^{-8}	6.96×10^{-8}	5.96×10^{-8}
	Cr	3.44×10^{-5}	2.93×10^{-5}	3.30×10^{-5}	2.82×10^{-5}
	总致癌风险	3.45×10^{-5}	2.94×10^{-5}	3.31×10^{-5}	2.83×10^{-5}
总风险		3.45×10^{-5}	2.94×10^{-5}	3.31×10^{-5}	2.83×10^{-5}

2.1.3.2 致癌物质健康风险评价结果

根据健康风险评价模型和评价参数，致癌物质 Cr 和 Cd 产生的致癌风险结果见表 2.4。总体来说，婴幼儿、青少年、成人和老人致癌风险的平均值分别为 $3.45 \times 10^{-5} a^{-1}$、$2.94 \times 10^{-5} a^{-1}$、$3.31 \times 10^{-5} a^{-1}$ 和 $2.83 \times 10^{-5} a^{-1}$。该风险值低于美国环境保护署（EPA）（$1 \times 10^{-4} a^{-1}$）和国际辐射防护委员会（ICRP）推荐的可接受风险水平（$5 \times 10^{-5} a^{-1}$），高出瑞典、荷兰和英国等环境机构推荐的最大可接受风险水平（$1 \times 10^{-6} a^{-1}$）一个数量级；但大于所有机构推荐的最大可接受风险水平（$1 \times 10^{-6} \sim 1 \times 10^{-4} a^{-1}$）。具体来说，两种致癌金属元素的健康风险大小顺序为 Cr＞Cd，且 Cr 产生的致癌风险值比 Cd 高三个数量级。Cd 产生的年人均致癌风险低于各个机构推荐的风险值。Cr 的年人均致癌风险小于 EPA（$1 \times 10^{-4} a^{-1}$）和 ICRP（$5 \times 10^{-5} a^{-1}$）推荐的可接受风险水平，但比瑞典、荷兰和英国等环境机构推荐的最大可接受风险水平（$1 \times 10^{-6} a^{-1}$）高出一个数量级。Cr 的致癌风险大于 Cd，不仅与其在水体中的浓度有关，还与 Cr 具有较大的致癌系数（41）有关。因此，Cr 应作为相关管理部门风险决策的过程中需要关注的重点对象。

2.1.3.3 金属污染物总健康风险评价结果

白洋淀水体金属总健康风险为致癌物质和非致癌物质所产生的健康风险之和。金属产生的总健康风险值由表 2.4 可知，婴幼儿、青少年、成人和老人致癌风险的平均值分别为 $3.45 \times 10^{-5} a^{-1}$、$2.94 \times 10^{-5} a^{-1}$、$3.31 \times 10^{-5} a^{-1}$ 和 $2.83 \times 10^{-5} a^{-1}$。致癌金属所产生的健康风险数量级为 10^{-5}，而由非致癌金属所产生的健康风险数量级为 $10^{-10} \sim 10^{-9}$，这表明致癌物质所引起的危害性远远超过非致癌物质，金属产生的健康风险主要来自于致癌金属元素的致癌风险。总的来说，人类四个阶段的致癌风险和非致癌风险的大小顺序均依次为婴幼儿＞成人＞青少年＞老人。其中，婴幼儿和老人是最敏感的人群，未来需要特别关注。因此将水质标准评价和健康风险评价相结合，将可以更加全面的评价水质质量。

2.2 白洋淀沉积物中常规监测金属元素的赋存特征、风险评价及来源解析

2.2.1 样品的采集与前处理

2009 年 10 月，在白洋淀采集了 39 个沉积物样品。白洋淀沉积物采样点位见图 2.2。在每个采样点，沉积物样品使用沉积物抓斗采样器采集，沉积物样品用干净的聚乙烯样品袋包装并带回实验室。沉积物样品经 $-80 \, ℃$ 下冷冻干燥，在玛瑙研钵中研磨，过 100 目尼龙筛后备用。

2.2.2 沉积物样品中金属元素浓度分析

沉积物中的金属元素采用混酸-密闭消解的方法进行处理分析，具体步骤如下：准确称量 40mg 沉积物样品放入聚四氟乙烯消解罐。随后向消解罐中加入 2mL 浓 HNO_3 和 $0.2mL \, H_2O_2$，在温度为 $60 \, ℃$ 的电热盘上保温 12h；再将消解罐敞口，电热板升温至 $120 \, ℃$ 蒸干；待自然冷却后向消解罐中加入 2mL 50% 的 HNO_3，放在电热盘上 $60 \, ℃$ 保温

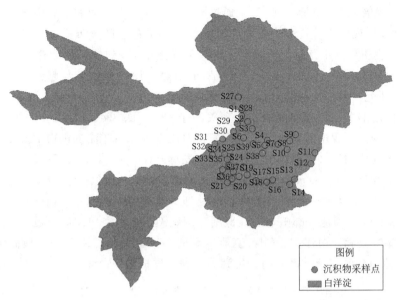

图 2.2　白洋淀沉积物采样点位

1h，再加入 2mL HF，在电热盘上 60℃保温 1h 后，将消解罐放入高压釜中于 170℃烘箱中高温消解 12h，取出消解罐，并放置于电热盘上 120℃敞口蒸至微干。此消解程序可以保证沉积物样品完全消解并得到澄清的溶液。自然冷却后，向消解罐中加入 2mL 50％的 HNO_3 和 2mL 纯水，在超声仪中超声 20min，最后加入纯水定容至 80g 于聚乙烯瓶内，采用 Elan DRC－e 型 ICP－MS（美国 Perkin－Elmer 公司）测定沉积物样品中金属元素和稀土元素的含量。

质量控制与质量保证：所有化学处理过程均在实验室进行，所有样品均平行进样 3 次，相对标准差（RSD）均小于 8％。其中每批样品采用相同的实验程序，使用空白样品分析确保没有背景污染，使用沉积物标准物质（GSD－9，GBW07310）进行质量控制，标样测定结果均在标准值的参考范围内，回收率为 82.0％～95.8％。

2.2.3　沉积物中常规检测金属元素的赋存特征

白洋淀与我国其他湖泊沉积物中金属元素的浓度对比见表 2.5。由表 2.5 可知，白洋淀沉积物中 Cr、Ni、Cu、Zn、Cd 和 Pb 的浓度范围分别为 44.0～76.4mg/kg、14.9～39.0mg/kg、8.39～39.9mg/kg、11.6～107mg/kg、0.049～0.87mg/kg 和 14.8～31.7mg/kg，其平均值分别为 62.5mg/kg、29.1mg/kg、26.5mg/kg、51.9mg/kg、0.23mg/kg 和 23.1mg/kg。沉积物中各金属元素浓度的顺序为 Cr＞Zn＞Ni＞Cu＞Pb＞Cd，其中 Cd（小于 1.00mg/kg）的浓度明显低于其他金属元素。与河北省的土壤背景值相比，沉积物中 Cr、Ni 和 Zn 的浓度小于河北省土壤背景值；Cu、Cd 和 Pb 的浓度均高于河北省土壤背景值，且是河北省土壤背景值的 1.22 倍、2.56 倍和 1.07 倍。与地壳中相应的金属元素含量对比发现，Zn 的浓度略低于其在地壳中的浓度；对于 Cr、Ni、Cu、Cd 和 Pb，白洋淀沉积物中金属元素的浓度分别是地壳中 1.20 倍、1.21 倍、1.47 倍、

3.29 倍和 1.36 倍（迟清华等，2007）。通过与河北省土壤背景值和地壳中金属元素含量的对比发现，Cd 呈现出相对较高的积累量。事实上，Cd 的空间分布不均，如某些点位（S1 和 S23）的浓度明显高于背景值。因此，这些采样点中 Cd 的积累可能存在点源污染（如废水、生活污水的排放，旅游业的增加等）的贡献。该研究结果与赵钰（2013）和 Liu（2016）等的研究一致，均认为未来应该更重视 Cd 的污染。

有关我国湖泊沉积物的研究中，大多关注于 Cr、Cu、Cd、Pb、Zn 的污染，对于 Ni 的研究相对较少。与我国其他不同湖泊沉积物对比发现，白洋淀沉积物中痕量金属元素的浓度明显低于其他湖泊（如巢湖、洞庭湖、太湖等）（Dai et al.，2018；Liu et al.，2015；Wang et al.，2015；Yin et al.，2011；Yu et al.，2012）。几种常规监测元素在几大湖泊中的浓度大小顺序分别为 Cr：太湖＞鄱阳湖＞滇池＞红枫湖＞洞庭湖＞白洋淀；Ni：太湖＞巢湖＞白洋淀；Cu：滇池＞鄱阳湖＞红枫湖＞洞庭湖＞太湖＞白洋淀＞巢湖；Zn：滇池＞巢湖＞鄱阳湖＞太湖＞白洋淀；Cd：滇池＞洞庭湖＞太湖＞鄱阳湖＞红枫湖＞巢湖＞白洋淀；Pb：滇池＞洞庭湖＞鄱阳湖＞巢湖＞太湖＞红枫湖＞白洋淀。

表 2.5　　　　　白洋淀与我国其他湖泊沉积物中金属元素的浓度对比　　　　单位：mg/kg

采样点	Cr	Ni	Cu	Zn	Cd	Pb	参考文献
最小值	44.0	14.9	8.39	11.6	0.049	14.8	本书
最大值	76.4	39.0	39.9	107	0.87	31.7	
平均值（$N=39$）	62.5	29.1	26.5	51.9	0.23	23.1	
标准差	8.48	6.01	7.56	18.65	0.19	4.47	
河北省土壤背景值	68.3	30.8	21.8	78.4	0.09	21.5	中国环境监测总站，1990
地壳中金属含量	52.0	24.0	18.0	60.0	0.07	17.0	迟清华等，2007
巢湖		33.1	26.2	154	0.43	49.8	Yin et al.，2011
滇池	82.8		101	284	7.78	99.7	Li et al.，2007
洞庭湖	70.6		40.1		4.06	57.4	Liu et al.，2015
鄱阳湖	136		62	133	0.7	50.4	Dai et al.，2018
太湖	148	47.9	39.6	113	1.33	40.4	Yu et al.，2012
红枫湖	80.9		46.2		0.57	31.7	Wang et al.，2015

表层沉积物中金属元素的浓度在一定程度上能代表当时的社会经济发展状况和金属污染情况。为了全面研究白洋淀不同发展历程中金属的污染水平，对 2004—2010 年该区域沉积物中金属元素的含量进行了分析总结（表 2.6）。整体来讲，大多数研究主要集中在金属元素 Cu、Zn、Cd 和 Pb 上，特别是 Cu 和 Zn，而 Cr 和 Ni 的研究往往被忽视。因此，本研究主要针对金属元素 Cu、Zn、Cd 和 Pb 的含量进行分析比较。经对比发现，各金属元素的浓度在 2004 年均表现为高值，尤其是 Cd 和 Pb，2004 年以后其浓度呈现出明显的下降趋势，可能是由于白洋淀局部沉积物疏浚以及生态补水所造成的。据统计，自 2004 年以后，政府一直从黄河和其他水库引水补给到白洋淀（杨卓等，2005a；张志永和贾玉平，2012），同时伴有局部的疏浚工程。补给水中的悬浮物通过再次沉淀形成了新的沉积物，造成了白洋淀表层沉积物中的金属浓度降低。此外，由于政府对环境保护和污染控制

的加强，也可能会减少金属的入库量。因此，与以往相比，白洋淀表层沉积物中金属元素的含量有所降低。

表 2.6				2004—2010 年白洋淀沉积物中金属元素的浓度				单位：mg/kg
采样时间	样品数	Cu	Zn	Cd	Pb	Cr	Ni	参考文献
2004 年 6 月	41	32.3	121	6.90	55.7			杨卓等，2005a
2007 年 8 月和 2008 年 3 月	7	31.3	269	0.30	16.3	63.2	25.1	胡国成等，2011
2008 年 4 月	10	23.7	69.2	0.26	23.8	68.6		Liu et al.，2016；Su et al.，2011
2009 年 5 月	1	35.6	93.2					Lu and Cheng，2011
2009 年	8	31.6	79.4	0.12	28.3	74.9		Zhang et al.，2014
2010 年	6	28.2	151	0.80	33.5	42.3	35.0	赵钰等，2013
2010 年 7 月	7		145		19.1			Li et al.，2012
2010 年 10 月	39	26.5	51.9	0.23	23.1	62.5	29.1	本书

注 样品都是表层沉积物而非柱状沉积物。

2.2.4 常规监测金属元素地球化学基线的构建及人为贡献率研究

2.2.4.1 地球化学基线的背景

地球化学基线（geochemical baseline）是随着人类对环境问题认识的深入而产生的。全球变化研究和全球地质对比计划研究为地球化学基线研究提供了重要的科学背景。全球变化研究计划是 20 世纪 90 年代形成的一个规模浩大的国际科学合作研究行动（张志强，1997）。在该计划中，地质环境和地球化学环境变化是重要的研究内容。全球地质对比计划设立了 IGCP259 和 IGCP360 两个项目重点开展环境地球化学基线研究。至此，地球化学基线在各国的研究中受到了普遍的重视。但是对于地球化学基线目前尚无统一的定义。

地球化学基线不同于地球化学背景。地球化学背景是指当地没有污染源时的浓度，或远离污染源且没有同类污染物释放时该地区该物质的浓度（Reimann et al.，2005），也有人将工业化前物质的浓度作为背景值。而地球化学基线是指在人类活动扰动的地区金属的浓度，并不是真正意义上的地球化学背景。随着人们对环境地球化学基线研究的深入，环境地球化学基线的定义也不断明确：将某一地区或数据集合作为参照时，某一元素在特定物质中（土壤、沉积物、岩石）的自然丰度（腾彦国等，2006）。

环境地球化学基线研究的总体目标是建立区域地表物质中化学元素的自然变化的数据库（信息），并据此评价自然和人为的环境影响，其中最重要的是评价人类开发前后化学物质浓度的变化及环境的演变（Chukwuma，1996）。地球化学基线的影响因素很多，主要包括地质背景、地理条件、样品性质（样品类型、取样深度、样品粒度）、分析方法和研究尺度等（腾彦国等，2006）。

2.2.4.2 地球化学基线的确定方法

地球化学基线的确定方法主要有标准化方法、统计学方法和地球化学对比方法等。

1. 标准化方法

标准化方法是地球化学中常用的方法。该方法的基本思想是用地球化学过程中的惰性

元素作为参考元素，利用活性元素与惰性元素的相关关系来判断活性元素的富集情况。步骤如下。

首先，根据活性元素与惰性元素之间的相关性，建立二者之间的线性回归方程——基线模型：

$$C_m = aC_N + b \tag{2-8}$$

式中：C_m 为样品中活性元素 m（目标元素）的含量；C_N 为样品中惰性元素 N 的含量；a、b 为待求回归常数。

其次，将式（2-8）中的数据进行 95% 的统计检验，落在 95% 置信线以内的样品代表基线范围，而落在 95% 置信线以外的样品表明受到了人为污染，需要剔除。

最后，通过数据处理后获得参数 a 和 b 的值，然后再根据所研究的惰性元素的平均含量，求得活性元素的基线方程，进而得到基线值 B。计算式为

$$B_{mN} = a\overline{C_N} + b \tag{2-9}$$

式中：B_{mN} 为元素 m 的基线；$\overline{C_N}$ 为标准物质中该惰性元素的平均含量。

通过标准化处理的目的主要是消除样品粒度的影响。样品粒度对地球化学基线的确定有一定的影响，因此，以惰性元素为参考进行标准化处理，消除了粒度及其他因素对元素含量的影响。标准化方法最重要的就是标准元素的选择。选择的元素必需满足以下条件：①元素具有较强的抗氧化能力，是一种较稳定的元素或是惰性元素；②参考元素主要来自于天然母质，缺少明显的人为源，对人为影响很敏感；③参考元素与其他元素质量分数在自然作用过程中此消彼长，存在明显的相关性。一般来说，化学元素 Al、Li、Cs、Sc、Rb 和 Fe 等经常被作为参考元素（Lin et al.，2012）。

2. 统计学方法

确定地球化学基线的统计学方法有多种，如双对数相对累积频率分析法、相对累积频率曲线法等。双对数相对累积频率分析法是假设微量元素数据符合对数正态分布的假设，在对数坐标上绘制相对累积频率曲线，偏离对数正态分布的曲线范围很容易确定，分布曲线拐点处的元素浓度值通常就是该元素背景值与异常值的分界线，在将扰动分布数据的平均值加 2 倍标准差就是背景值的范围。但是，该方法不适用于样品量很少的数据。

相对累积频率曲线法是发展了的双对数相对累积频率分析法。该方法是绘制金属浓度—相对累积频率曲线图。在分布曲线上会出现以下三种情况：①曲线上有两个拐点，较低的拐点值代表了金属元素浓度的上限（基线范围），该值小于元素的平均值或中值即可作为基线值；较高拐点值代表了异常值的下限（即人类活动影响的部分），二者之间的部分可能与人类活动有关，也可能无关。②曲线上只有一个拐点，则拐点以下的部分代表了基线范围。③曲线分布近似直线，样品的浓度可能本身就代表了基线范围。

3. 地球化学对比方法

判别地表物质是否受到人类活动的影响时，常通过地表样品与深层样品对比来进行。研究中常选择深部样品的测定值作为元素的地球化学背景值或基线值。

2.2.4.3 白洋淀沉积物中常规监测金属元素地球化学基线模型的构建

本书利用标准化方法构建白洋淀沉积物中 Cr、Ni、Cu、Zn、Cd、Pb 6 种金属元素的区域地球化学基线。因为 Sc 为惰性元素，且变异系数很低，仅为 0.17，受环境变化影响

很小，因此选择 Sc 作为本研究中的背景参考元素。白洋淀沉积物中 Sc 与其余 6 种金属元素的相关性分析结果如图 2.3 所示。其结果表明，除 Cd 外（$p<0.05$），Sc 与其余各金属元素呈显著相关关系（$p<0.01$）。值得注意的是，将 95% 置信线外的数据剔除后，Sc 与 6 种金属元素的相关系数明显提高，均在 0.01 水平下呈现显著相关。利用筛选出的点位进一步进行金属元素和 Sc 之间的相关性分析，从而构建各金属元素的地球化学基线模型（表 2.7）。由表中计算结果可知，Cr、Ni、Cu、Zn、Cd、Pb 6 种金属元素的区域地球化

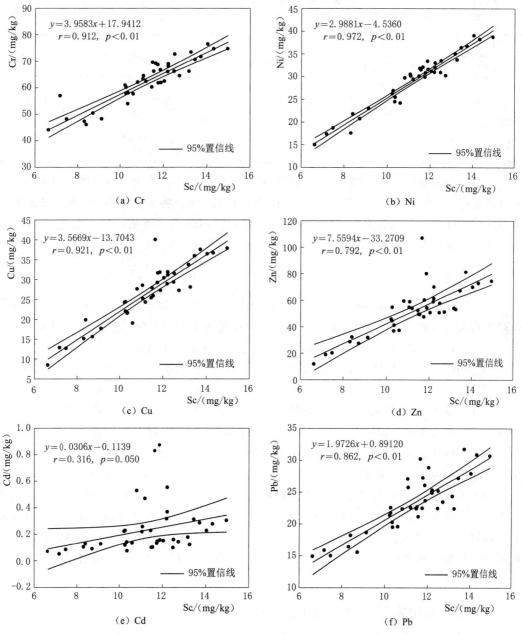

图 2.3　白洋淀沉积物中常规检测金属元素和 Sc 之间的相关关系

学基线值分别为 63.0mg/kg、27.8mg/kg、24.7mg/kg、46.1mg/kg、0.18mg/kg、22.0mg/kg。将所得地球化学基线值与河北省土壤中金属元素的环境背景值进行对比，结果表明，Cr、Ni、Zn 的地球化学基线值低于环境背景值，而 Cu、Cd、Pb 的地球化学基线值则高于环境背景值。此外，由各元素的区域地球化学基线模型可以求得任一采样点处金属元素的地球化学基线值，并可进一步计算各采样点处的人为贡献，同时也为环境污染评价研究奠定了基础。

表 2.7　　　　　　　　　白洋淀沉积物常规监测元素的基线模型及相关参数

元素	基线方程	R^2	p	基线值/(mg/kg)
Cr	$Cr = 3.8104Sc + 19.0290$	0.995	0.01	63.0
Ni	$Ni = 2.9560Sc - 4.1182$	0.998	0.01	27.8
Cu	$Cu = 3.5733Sc - 14.3430$	0.993	0.01	24.7
Zn	$Zn = 7.6080Sc - 35.8060$	0.982	0.01	46.1
Cd	$Cd = 0.0304Sc - 0.1392$	0.837	0.01	0.18
Pb	$Pb = 1.9026Sc + 1.5629$	0.987	0.01	22.0

沉积物中的金属元素主要来源于天然风化作用和人为活动作用，且金属元素的人为贡献可以通过与自然来源浓度相比较而进行量化。本研究中，将沉积物中金属元素的实测含量与区域地球化学基线值的正差值，定义为该金属元素的人为贡献，并由式（2-10）进一步计算得到其人为贡献率：

$$X_{anthropogenic} = \frac{c_x - c_{RGB}}{c_{RGB}} \times 100 \qquad (2-10)$$

由式（2-10）求得白洋淀沉积物中 Cr、Ni、Cu、Zn、Cd、Pb 6 种金属元素在每个采样点的人为贡献率见图 2.4。正值说明该采样点受到了人为影响，而负值说明该点金属元素主要来自于自然源。将受人为影响的点位进行人为贡献率计算，得到白洋淀沉积物中 Cr、Ni、Cu、Zn、Cd、Pb 6 种金属元素的平均人为贡献率分别为 5.05%、2.98%、10.19%、18.76%、78.07%、8.15%，其中 Cd 的人为贡献率高于其余 5 种金属元素。进一步分析发现，Cd 的人为贡献率较高是由于部分采样点（S1、S2、S4、S23、S24）所导致，该结果也进一步说明，点源污染是造成金属元素污染问题的原因之一。事实上，以上 5 个采样点处沉积物中 Cd 的实测含量为区域地球化学基线值的 2.31~3.92 倍，若不考虑此 5 处采样点，其余采样点的平均人为贡献率则降低为 20.71%。究其原因，S1 和 S2 位于端村镇寨南村，S4 位于泉头乡桥溪村，S23 和 S24 位于泉头乡大田庄村，端村镇坐落于白洋淀最大的湖泊附近，而泉头乡位于白洋淀的中部地区，在这两个区域周边村庄密布，且分布着众多的水产养殖业（Zhang et al.，2014）。此外，随着旅游业的兴起，区域内的游船数量也随之增多，而游船燃料燃烧可能为导致沉积物中 Cd 污染的原因之一（刘新会等，2017）。

2.2.5　沉积物中常规检测金属元素的污染评价

沉积物中金属的分布情况可以在一定程度上反映出水环境的污染状况。关于沉积物金

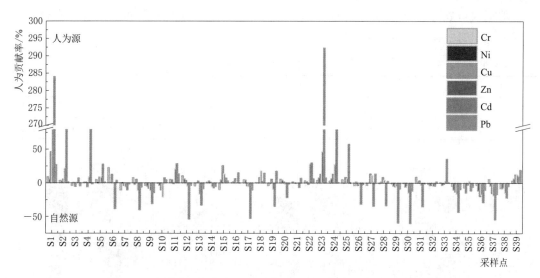

图 2.4　白洋淀沉积物中金属元素的人为贡献率（参见文后彩图）

属污染评价，国内外学者们提出了多种金属污染的评价方法，主要包括单因子污染指数法、污染负荷指数法、地累积指数法、潜在生态危害指数法、模糊集理论法、脸谱图法等（Jafarabadi et al.，2017；Sharifinia et al.，2017；Xu et al.，2017）。

以上评价沉积物金属污染程度的方法均存在一个共同特点，即在评价过程中需要引入金属元素背景值，背景值的选择直接决定了评价结果，以往的研究多采用区域土壤/沉积物金属元素背景值或地壳中金属元素的含量作为背景参考值。然而，区域自然背景值忽略了金属元素含量的自然变化（Covelli et al.，1997；Daskalakis et al.，1995）。此外，严格的原始地球化学组成的"自然背景"并不存在（Karim et al.，2015）。地球化学基线是指地球表面未受人类活动影响的金属元素的自然水平（Tian et al.，2017）。同时，地球化学基线可以区分自然源和人为源浓度（Karim et al.，2015；Matschullat et al.，2000；Teng et al.，2009；Zhang et al.，2014）。近年来，地球化学基线被广泛用作风险评估的参考背景值（Karim et al.，2015；Tian et al.，2017）。因此，本书在白洋淀沉积物中金属的污染风险评价过程中分别使用金属元素的河北省土壤背景值、地壳中金属元素含量和金属元素的地球化学基线作为背景参考值。

2.2.5.1　地累积指数法

地累积指数法由德国学者 Müller 于 1969 年提出，是迄今为止应用最广泛的金属污染程度评价方法。该方法利用水环境沉积物中金属元素的实测含量与参比值的关系来直接反映外源重金属在沉积物中的富集程度（Müller，1969），计算式为

$$I_{geo} = \ln\left(\frac{C_i}{1.5B_i}\right) \qquad (2-11)$$

式中：I_{geo} 为地积累指数；C_i 为沉积物中某金属元素的实测含量；B_i 为参比值，分别以目标元素的河北省土壤背景值、地壳中金属元素含量和金属元素的地球化学基线作为背景参考值；1.5 为修正指数，通常用来表征沉积特征、岩石地质及其他影响。

地积累指数用 0～6 级 7 个等级来表示污染程度，I_{geo} 与污染程度分级关系见表 2.8。白洋淀沉积物中金属元素的 I_{geo} 值见图 2.5。

表 2.8 I_{geo} **与污染程度分级关系**

I_{geo}	≤0	0～1	1～2	2～3	3～4	4～5	>5
级数	0	1	2	3	4	5	6
污染程度	无	无～中度	中度	中～强度	强度	强～极强	极强

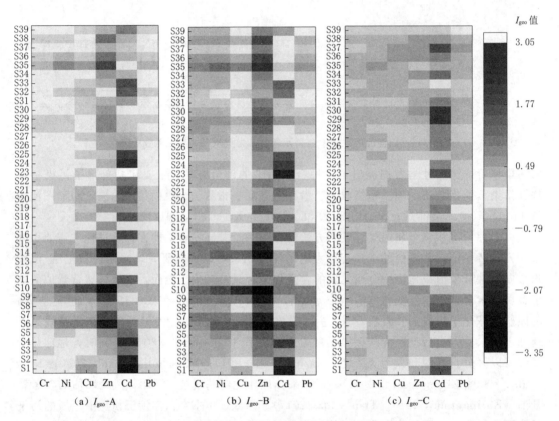

图 2.5   白洋淀沉积物中金属元素的 I_{geo} 值（参见文后彩图）

（A 表示利用地壳中金属元素含量作为参考值；B 表示利用金属元素的河北省土壤背景值作为参考值；

C 表示利用金属元素的地球化学基线作为参考值）

一般来说，利用地壳中金属元素含量、河北省土壤背景值和金属元素的地球化学基线作为背景参考值评价得到的所有金属的 I_{geo} 值范围分别为 $-3.35\sim2.63$、$-1.92\sim1.39$ 和 $-1.67\sim3.05$。用河北省土壤背景值做参考值，六种金属元素的 I_{geo} 值从大到小依次为：$Cd>Cu>Pb>Ni>Cr>Zn$；用地壳中金属元素含量做参考值，六种金属元素的 I_{geo} 值从大到小依次为：$Cd>Cu>Pb>Cr>Ni>Zn$；用地球化学基线做参考值，六种金属元素的 I_{geo} 值差别不大，为 $-0.56\sim-0.67$。具体来讲，用以上三种背景值作为参考值，Cr、Ni、Cu、Zn、Pb 平均 I_{geo} 值均小于 0，说明总体上该区域沉积物中的这些金属均处于无污染水平。而对于 Cd，使用不同参考值计算得到的 I_{geo} 变化很大，其污染程度因参考值

的选择而不同。利用地壳中 Cd 含量做参考值时，I_{geo} 为 $-1.11\sim0.25$，平均值为 0.79；利用河北省土壤中 Cd 背景值做参考时，I_{geo} 为 $-1.53\sim2.63$，平均值为 0.36；而利用 Cd 的地球化学基线做参考时，I_{geo} 为 $-0.01\sim1.39$，平均值为 -0.67。地壳中 Cd 含量和河北省土壤中 Cd 背景均为 20 多年前进行的调查值，没有考虑区域之间的差异。相比而言，地球化学基线则结合了白洋淀的污染现状。因此，采用传统背景值会过高估计 Cd 风险，尤其是针对地壳中金属元素含量而言。值得注意的是，在 S1 和 S23 采样点处的 I_{geo} 最大，利用地球化学基线做参考值，I_{geo} 分别是 1.36 和 1.39，该处采样点的污染评价结果为中度污染；S2、S4、S24 和 S25 采样点处 Cd 的污染水平呈现无污染到中度污染；其余采样点均为无污染水平。该研究评价出的 Cd 污染水平低于杨卓等的报道（2005a，2005b）。对 S1 和 S23 两采样点的污染来源进行分析发现，这两处采样点沉积物中 Cd 的含量可能与其附近工业污水的排放和水产养殖业的增长有关（赵钰等，2013；Zhang et al.，2014）；此外，人类活动的加剧也增加了生活污水和生活垃圾的产生（Han et al.，2017）。

2.2.5.2 潜在生态风险法

由于地累积指数法只能反映单一金属的累积程度，当多种金属同时污染时，这种方法不能同时反映多种金属的毒害作用。潜在生态风险评价方法由瑞典学者 Håkanson（1980）提出。该方法根据金属性质及环境行为特点，引入了金属的毒性系数，充分考虑了金属毒性和污染对评价区域的敏感度，解决了各种金属权重系数问题，是目前使用最广泛的一种评价方法。潜在生态风险的计算公式为

$$E_i = T_i \left(\frac{C_s^i}{C_n^i} \right) \tag{2-12}$$

$$RI = \sum E_i \tag{2-13}$$

式中：RI 为多种金属的潜在生态风险危害指数；E_i 为金属 i 的潜在生态危害指数；C_s^i 为沉积物中金属 i 的实测含量；C_n^i 为参考值，分别以河北省土壤背景值、地壳中金属元素含量和金属元素的地球化学基线作为背景参考值；T_i 为毒性系数，反映金属的毒性强度对污染的敏感程度，其中 Cr、Ni、Cu、Zn、Cd 和 Pb 的毒性系数分别为 2、5、5、1、30 和 5。E_i、RI 与生态危害程度分级关系见表 2.9。

表 2.9　　　　　　　　　　E_i、RI 与生态危害程度分级关系

E_i	RI	潜在生态危害程度
<40	<150	轻度
$40\sim80$	$150\sim300$	中度
$80\sim160$	$150\sim300$	强度
$160\sim320$	$\geqslant600$	很强
$\geqslant320$	—	极强

对于 E_i，以河北省土壤背景值、地壳中金属元素含量和金属元素的地球化学基线作为背景参考值计算结果都保持一致，所有金属元素的潜在生态风险值顺序为：Cd>Cu>Pb>Ni>Cr>Zn。当以地壳中金属元素含量为参考值，Cr、Ni、Cu、Zn、Cd 和 Pb 的平均潜在生态风险值为 2.41、6.07、7.36、0.86、99.04 和 6.8；以河北省土壤背景值为参

考值，潜在生态风险值分别为 1.83、4.73、6.06、0.66、73.76 和 5.38；以地球化学基线值为参考值，潜在生态风险值分别为 2.02、4.99、5.11、1.04、33.85 和 5.02。结果表明，除 Cd 外，其他 5 种金属均存在轻度生态风险（图 2.6）。Cd 平均生态风险较高，主要是由个别样点引起的，以地球化学基线作参考值时，S1、S2、S4、S23 和 S24 等采样点均受到中等生态风险的影响。对于 S1，Cd 的 E_i 值分别为 277.68、177.69 和 372.88（参考值分别为河北省土壤背景值、地球化学基线和地壳中 Cd 含量），说明 S1 采样点处存在较高或很高的生态风险。

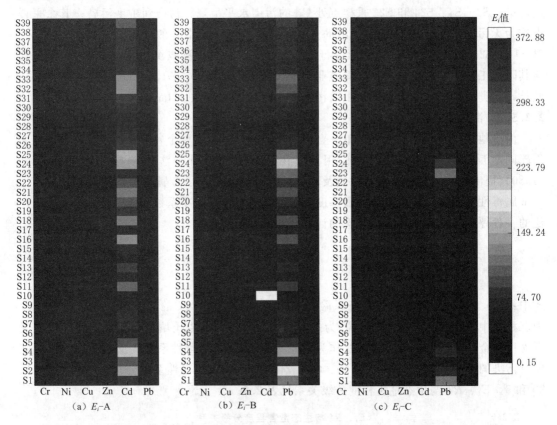

图 2.6　白洋淀沉积物中金属的潜在生态风险 E_i 值（参见文后彩图）

（A 表示利用地壳中金属元素含量作为参考值；B 表示利用金属元素的河北省土壤背景值作为参考值；
C 表示利用金属元素的地球化学基线作为参考值）

　　每个采样点综合潜在生态风险危害指数见图 2.7。从潜在生态风险危害指数的结果来看，分别以地壳中金属元素含量、河北省土壤背景值、金属元素的地球化学基线作为背景参考值，6 种金属元素的综合潜在生态风险危害指数（RI）的变化范围为 78.77～385.36、30.75～299.38 和 28.70～138.33，均值为 122.54、93.42 和 52.03（图 2.7）。该结果表明，白洋淀沉积物中 6 种金属元素的总体生态风险较低。

2.2.5.3　富集因子

　　富集因子（Enrichment Factors，EF）能够用来预测金属污染物的人为输入程度。一

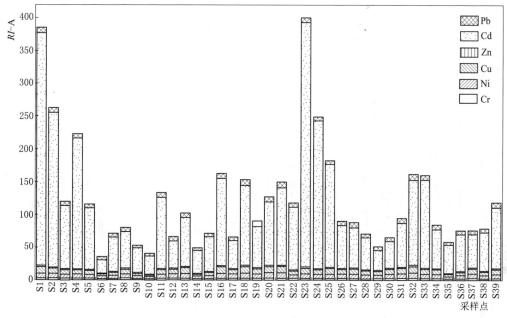

（a）参考值为地壳中金属元素含量

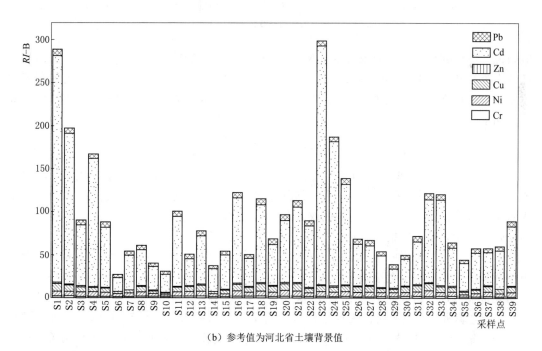

（b）参考值为河北省土壤背景值

图 2.7（一）　每个采样点综合潜在生态风险危害指数（RI）
（A 表示利用地壳中金属元素含量作为参考值；B 表示利用金属元素的河北省土壤背景值作为参考值；
C 表示利用金属元素的地球化学基线作为参考值）

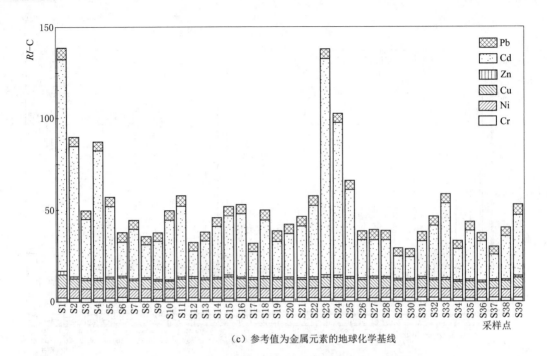

（c）参考值为金属元素的地球化学基线

图 2.7（二）　每个采样点综合潜在生态风险危害指数（*RI*）

（A 表示利用地壳中金属元素含量作为参考值；B 表示利用金属元素的河北省土壤背景值作为参考值；
C 表示利用金属元素的地球化学基线作为参考值）

般来说，所研究金属元素的浓度与大陆地壳（UCC）中的参考金属元素浓度比值已用于评估人为活动的影响（Farsad et al.，2011）。本书中，考虑到地区差异，*EF* 也使用河北省土壤背景值进行评估。选择 Sc 作为归一化元素，以区分人为源和自然源。*EF* 的计算公式如下：

$$EF = \frac{(C_i/Sc)_{sample}}{(C_i/Sc)_{UCC/soil}} \tag{2-14}$$

式中：$(C_i/Sc)_{sample}$ 为沉积物中某一金属元素的浓度与其标准化元素 Sc 的比值；$(C_i/Sc)_{UCC/soil}$ 为地壳中或当地土壤中该种金属元素浓度与其标准化元素 Sc 的比值。如果 *EF* 值为 0.5～1.5，说明金属完全源于地壳或者自然风化过程。*EF* 值＜2、2～5、5～20、20～40 和＞40，分别表示无富集、较小、中等、强、极强的富集。

各采样点金属元素富集因子的计算结果如图 2.8 所示。基于地壳中元素含量和河北省土壤背景值的富集因子大小顺序均为：Cd＞Cu＞Pb＞Ni＞Cr＞Zn。Gao 等（2013）的研究结果也显示，在白洋淀土壤中 Cd 的富集程度最大。除 Cd 外，其余金属元素的平均 *EF* 均小于 2，表明大多数金属仅表现出轻微的富集。无论采用何种计算方法，Cd 都表现出显著的富集。考虑到 S1、S2、S4 和 S23 位点属于中度富集，这些位点需要特别关注，特别是 S1，政府必须加强监督和管理，以缓解污染状况。

2.2.6　金属污染源解析

污染源识别是金属污染调查和治理中的一个常见问题，为污染治理提供了科学依据。

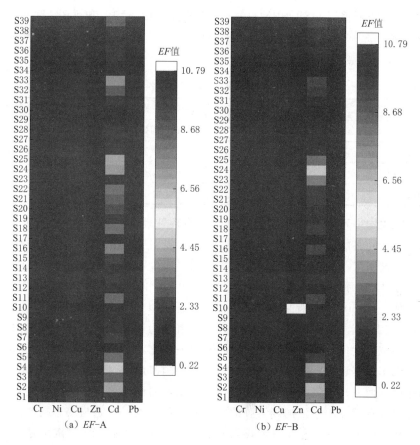

图 2.8　各采样点金属元素富集因子的计算结果（详见文后彩图）
（A 表示利用地壳中金属元素含量作为参考值；B 表示利用金属元素的河北省土壤背景值作为参考值）

传统方法依赖于大型样本数据库的统计数据分析和多元统计分析来定性识别污染物来源（Facchinelli et al.，2001）。地统计分析主要通过空间插值法来实现。通过空间插值法确定污染物的空间分布规律，进而初步判断潜在污染源的空间位置。多元统计方法主要包括因子分析法、主成分分析法、聚类分析法，通过污染物各变量之间相互关系从而解析污染源。然而，这种污染源解析方法需要依赖于大型数据库和复杂的统计数据。稳定同位素是指在某种元素的所有同位素中，不发生或极不易发生放射性衰变的同位素（尹观和倪师君，2009）。稳定同位素可以被认为是元素的"特征"，其同位素无放射性不会造成二次污染，为沉积物中金属的来源示踪提供了一种先进的方法（Cheng et al.，2010），在金属污染来源解析中得到了广泛的应用。铅有四种稳定同位素，分别为^{204}Pb、^{206}Pb、^{207}Pb 和^{208}Pb，铅同位素比值已越来越多地应用于获取地球化学来源的信息，确定人为铅的主要来源和进入环境的途径（Fernandez et al.，2008；Han et al.，2015，2017；Miller et al.，2014）。

本书采用 Pb 同位素比值来解析白洋淀沉积物中金属的主要污染来源和传输途径。铅同位素采用 ICP‐MS 直接测定，具体参数见表 2.10。考虑到^{204}Pb 丰度较低，只讨论^{206}Pb/^{207}Pb 和^{208}Pb/^{207}Pb 丰度比数据。测定过程中采用美国 NIST 标准物质 SRM‐981 溶

液校正仪器参数的漂移。NIST SRM—981 标准样品 $^{206}Pb/^{207}Pb$ 和 $^{208}Pb/^{207}Pb$ 测定结果分别为 1.0926 和 2.3743，与标准值（1.0933 和 2.3704）相吻合，同位素比值测定精度小于 0.5%。

表 2.10 Pb 同位素比值测定的仪器工作参数

工作参数	设定值	工作参数	设定值
灵敏度	10000cps/1ppb	读数时间	5
CeO/Ce	<3%	重复次数	5
Ba^{++}/Ba	<3%	采样锥	Ni
扫描次数	250	样品浓度	$10\sim30\mu g/kg$

白洋淀沉积物中不同金属元素之间的相关关系见表 2.11。从表 2.11 中可知，Pb 的含量与其他金属元素的含量呈现显著正相关关系，表明这些金属的污染来源与铅类似。铅同位素技术常被用来示踪铅的来源。因此，借助铅同位素手段来鉴别铅和其他金属的污染来源。如表 2.12 所示，白洋淀沉积物的 $^{206}Pb/^{207}Pb$ 和 $^{208}Pb/^{207}Pb$ 比值分别为 $1.177\sim1.202$ 和 $2.464\sim2.504$。一般来说，人为污染源的 $^{206}Pb/^{207}Pb$ 值较低（1.90）（Lee et al.，2007），因此白洋淀沉积物中的铅有一部分由人为源贡献。为了明确具体的人为源，将样品的铅同位素比值与其他物质的比值展开进一步比较，这些物质包括天然土壤、中国地区排放的汽车尾气、煤、水泥、冶金粉尘、不同国家地区（包括中国、越南、泰国、马来西亚和印度尼西亚）的气溶胶等。如图 2.9 可知，白洋淀沉积物的铅同位素比值与天然土壤、煤样以及贵阳和哈尔滨的气溶胶的同位素比值接近，但是与汽车尾气、水泥和冶金粉尘的比值相差较大。这一结果表明煤炭燃烧是主要的人为源，大气沉降是主要的输入途径。据统计，保定市的煤炭总消费量 2001—2010 年逐年增长。中国其他地区（如重庆和天津）也发现煤炭燃烧是铅的主要人为污染源（Han et al.，2015；Wang et al.，2006）。

表 2.11 白洋淀沉积物中不同金属元素之间的相关关系

重金属	Sc	Cr	Ni	Cu	Zn	Cd	Pb
Sc	1						
Cr	0.912**	1					
Ni	0.972**	0.930**	1				
Cu	0.921**	0.888**	0.951**	1			
Zn	0.792**	0.798**	0.849**	0.921**	1		
Cd	0.316	0.375*	0.411**	0.515**	0.744**	1	
Pb	0.862**	0.819**	0.896**	0.939**	0.903**	0.502**	1

＊＊ 显著性水平为 0.01； ＊ 显著性水平为 0.05。

表 2.12 不同来源和白洋淀沉积物的铅同位素比值

样品	$^{206}Pb/^{207}Pb$	$^{208}Pb/^{207}Pb$	参考文献
人 为 源			
煤样（上海）	1.163	2.462	Tan et al.，2006

续表

样品	$^{206}Pb/^{207}Pb$	$^{208}Pb/^{207}Pb$	参考文献
煤样（北京）	1.192	2.452	Mukai et al.，1993
煤样（北京）	1.172	2.46	Mukai et al.，2001
含铅汽车尾气	1.110	2.434	Chen et al.，2005
无铅汽车尾气	1.147	2.435	Chen et al.，2005
水泥	1.163	2.447	Tan et al.，2006
冶金粉尘	1.172	2.435	Tan et al.，2006
气溶胶（厦门）	1.166	2.459	Zhu et al.，2010
气溶胶（台北）	1.145	2.405	Hsu et al.，2006
气溶胶（香港）	1.161	2.450	Lee et al.，2007
气溶胶（上海）	1.162	2.445	Chen et al.，2005
气溶胶（广州）	1.168	2.457	Lee et al.，2007
气溶胶（北京）	1.172	2.467	Liu et al.，2014
气溶胶（贵阳）	1.185	2.461	Mukai et al.，2001
气溶胶（贵阳）	1.189	2.465	Mukai et al.，2001
气溶胶（哈尔滨）	1.172	2.460	Mukai et al.，2001
气溶胶（重庆）	1.166	2.457	Bollhöfer et al.，2001
气溶胶（越南）	1.155	2.430	Bollhöfer et al.，2001
气溶胶（泰国）	1.127	2.404	Bollhöfer et al.，2001
气溶胶（马拉西亚）	1.141	2.410	Bollhöfer et al.，2001
气溶胶（印度尼西亚）	1.131	2.395	Bollhöfer et al.，2001
天 然 源			
火山岩	1.184	2.482	Zhu et al.，1998
花岗岩	1.184	2.482	Zhu et al.，1998
花岗岩	1.183	2.468	Zhu，1995
珠江三角洲未污染土壤	1.195	2.482	Zhu et al.，2001
湄公河沉积物	1.196	2.489	Millot et al.，2004
长江沉积物	1.185	2.481	Millot et al.，2004
香港公园土壤	1.200	2.493	Lee et al.，2007
本 书			
最小值	1.177	2.464	
最大值	1.202	2.504	
平均值	1.189	2.483	
方差	0.0052	0.0081	

综合铅同位素分析和前文的污染评价结果，可以得出：白洋淀沉积物中的铅主要来自于天然源，而煤炭燃烧是铅的潜在人为污染源之一。为了避免在白洋淀进一步引入铅污

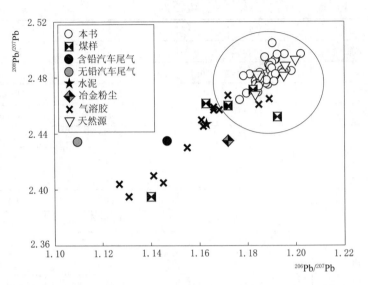

图 2.9 白洋淀沉积物中 Pb 同位素组成（$^{208}Pb/^{207}Pb$ 和 $^{206}Pb/^{207}Pb$）

染，建议未来需要严格控制周边地区的煤炭燃烧。

2.2.7 白洋淀沉积物再悬浮过程中金属的生物累积评估和健康风险评估

对于水环境中金属的风险评估，不仅要对污染现状进行评价，还需对可能产生的污染风险进行预测。金属进入水环境后，大部分被运输到沉积物中，使得沉积物成为它们最终的归宿。但自然（风暴、潮汐）或人为（疏浚、施工、船舶螺旋桨清洗）过程会引起沉积物再悬浮，使污染物重新进入水环境进而对水体产生污染。因此科学评估再悬浮过程中释放的金属产生的环境风险具有重要的意义。本书采用王文雄（2011）提出的环境影响评价模型，评估清淤过程引起沉积物再悬浮现象时，金属元素对水环境造成的影响。

2.2.7.1 清淤过程中沉积物可能产生的金属的生物累积

假设鱼类吸收从沉积物中解吸的金属。由于金属解吸导致水体金属的总浓度（C_t）可由水体中总悬浮颗粒物浓度（TSS）和沉积物中金属元素的浓度（C_s）计算：

$$C_t = TSS \times C_s \tag{2-15}$$

式中：C_s 为沉积物中金属元素的浓度，mg/kg；TSS 为水体的总悬浮颗粒物的浓度，mg/L。

由于缺乏白洋淀水体颗粒物浓度的研究，本书采取鄱阳湖水体悬浮颗粒物的浓度值（张莉等，2017）。

假设金属分配系数 K_d 不变，水相中金属元素的浓度（C_w）可计算如下：

$$C_t = C_w + TSS \times C_p = C_w + TSS \times K_d \times C_w \tag{2-16}$$

式中：K_d 为颗粒相和水相之间金属的分配系数，L/kg；C_p 为颗粒相中金属元素的浓度，mg/kg。结合式（2-15）和式（2-16）计算 C_w：

$$C_w = TSS \times C_s / (1 + TSS \times K_d) \tag{2-17}$$

在水环境中，当金属在生物与环境之间达到平衡时，生物对水相中金属富集。生物体内金属元素的浓度为

$$C = BCF \times C_w \tag{2-18}$$

式中：C 为鱼中金属元素的浓度，$\mu g/g$，干重；C_w 为水相中金属元素的浓度，$\mu g/L$；BCF 为鱼中金属元素的生物富集系数。金属元素的分配系数和富集系数见表 2.13。

表 2.13　　　　　　　　　　　　金属元素的分配系数和富集系数

项目	金属	取值	参考文献
$K_d/(L/kg)$	Cd	30000	Agency，2004
	Cr	50000	
	Cu	10000	
	Pb	100000	
	Zn	70000	
	Ni	20000	
$BCF/(L/kg)$	Cd	5000	Agency，2004
	Cr	200	
	Pb	200	
	Zn	1000	
	Ni	1000	
	Cu	2200	王文雄，2011

金属元素在沉积物中的浓度、模型预测水相中金属的浓度和鱼吸收从沉积物解吸的金属元素后体内的金属元素浓度见表 2.14 中。从表 2.14 中可以看出，再悬浮后，金属元素在水相中的浓度大小顺序为：Cu>Cr>Ni>Zn>Pb>Cd，不同于金属元素在沉积物中的浓度顺序。不考虑鱼类对沉积物的直接摄入，那么鱼类吸收金属元素的途径是水相暴露。计算得出 Cr、Ni、Cu、Zn、Cd 和 Pb 在鱼体中的累积浓度分别为 $0.038\mu g/g$、$0.159\mu g/g$、$0.020\mu g/g$、$0.123\mu g/g$、$0.005\mu g/g$ 和 $0.008\mu g/g$。该浓度值远小于《无公害食品 水产品中有毒有害物质限量标准》（NY 5073—2006）以及《食品安全国家标准　食品中污染物限量》（GB 2762—2012）的规定。

表 2.14　　　　金属元素在沉积物中的浓度、模型预测水相中金属的浓度和
鱼吸收从沉积物解吸的金属元素后体内的金属元素浓度

金属	$C_s/(mg/kg)$	$C_w/(ng/L)$	鱼体内的浓度/$(\mu g/g)$
Cr	62.54	913.90	0.038
Ni	29.13	757.95	0.159
Cu	26.48	931.43	0.020
Zn	51.89	587.00	0.123
Cd	0.23	4.77	0.005
Pb	23.11	195.00	0.008

2.2.7.2　沉积物再悬浮产生的健康风险评估

沉积物再悬浮释放的金属进入鱼体后，通过食物链富集到人体，并在人体中累积。人

体通过对鱼类的食用产生的健康风险采用美国环境保护署的健康风险评价模型进行评价（US EPA，2000）。暴露剂量和参考剂量的比值、靶危害系数（Target Hazard Quotients，THQ）通常用于评价非致癌影响。当 $THQ<1$ 时，意味着暴露水平小于参考剂量，则每日摄入鱼不太可能对人产生不良影响。相反，如果 $THQ \geqslant 1$，对敏感人群可能产生健康风险。THQ 计算公式为（Chien et al.，2002）

$$THQ = \frac{EFr \times ED_{tot} \times FIR \times C}{R_f Do \times BW \times AT} \times 10^{-3} \qquad (2-19)$$

式中：EFr 为暴露频率，365d/年；ED_{tot} 为暴露时间，30 年；FIR 为摄食率，105g/d；C 为鱼中金属元素的浓度，mg/kg，湿重；$R_f Do$ 为每日参考剂量，mg/(kg/d)；BW 为成人平均体重，55.9kg；AT 为非致癌物的平均暴露时间，365d/年×暴露年数（假设70 年）。

总 THQ（$TTHQ$）为各个金属元素 THQ 值的总和（Chien et al.，2002）：

$$TTHQ = THQ_{Cr} + THQ_{Ni} + THQ_{Cu} + THQ_{Zn} + THQ_{Cd} + THQ_{Pb} \qquad (2-20)$$

模型估算的每种金属元素的 $R_f Do$、THQ 值及金属元素的贡献率见表 2.15。由于缺少 Ni 的 $R_f Do$ 值，故 THQ 的计算不包括 Ni。结果显示，所有金属元素的 THQ 均远小于 1，说明每种单独金属不会对人体产生健康风险。在所有的金属元素中，其贡献大小顺序为：Cu>Cd>Pb>Zn>Cr。其中，Cu 和 Cd 占比最大，分别为 59.43% 和 27.68%；Cr 的占比最小，为 0.14%。所有金属元素的 $TTHQ$ 为 0.034，远小于 1，说明再悬浮后富集在鱼体中的金属，经过食物链进入人体后不会对人体产生健康风险。

表 2.15　模型估算的每种金属元素的 $R_f Do$、THQ 值及金属的贡献率

元素	Cr	Cu	Zn	Cd	Pb	$TTHQ$
$R_f Do$/[mg/(kg/d)]	1.5	0.04	0.3	0.001	0.004	
THQ	4.81×10^{-5}	2.02×10^{-2}	7.72×10^{-4}	9.41×10^{-3}	3.85×10^{-3}	0.034
贡献率/%	0.14	58.93	2.25	27.45	11.23	

2.3　白洋淀沉积物中非常规监测金属元素的赋存特征及风险评价

白洋淀沉积物中非常规监测金属元素的浓度见表 2.16。白洋淀沉积物中 Co、Mo、Tl 和 V 的平均值分别为 12.40mg/kg、1.34mg/kg、0.61mg/kg 和 82.42mg/kg。与河北省土壤背景值相比，Co 的平均浓度与河北省土壤中 Co 背景值相等，Tl 和 V 的浓度比河北省土壤背景值略高。与中国土壤背景值相比，Co 和 Mo 的浓度比中国土壤背景值略低，Tl 和 V 的浓度与中国土壤背景值相当。

表 2.16　白洋淀沉积物中非常规监测金属元素的浓度　　　　　单位：mg/kg

元素	最小值	最大值	平均值	标准差	河北省土壤背景值	中国土壤背景值
Co	7.56	16.13	12.40	2.36	12.40	12.70
Mo	0.39	3.58	1.34	0.74		2.00

元素	最小值	最大值	平均值	标准差	河北省土壤背景值	中国土壤背景值
Tl	0.45	0.75	0.61	0.07	0.55	0.62
V	49.55	109.20	82.42	14.96	73.20	82.40

利用地累积指数法对白洋淀沉积物中非常规监测金属元素的风险进行评价。图 2.10 显示出四种非常规监测金属元素在每个采样点的 I_{geo} 值。Co、Mo、Tl、V 的平均 I_{geo} 值分别为 -0.61 ± 0.30、-1.39 ± 0.75、-0.43 ± 0.18 和 -0.44 ± 0.28。说明总体上白洋淀沉积物中这四种金属处于无污染状态。值得注意的是，Mo 在 S32 和 S34 的 I_{geo} 分别是 0.25 和 0.19，说明 Mo 在这两个点处于无污染到中度污染水平。

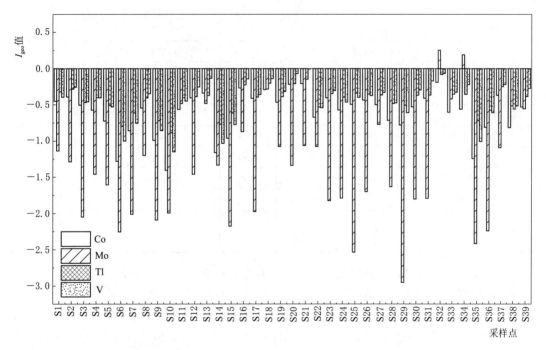

图 2.10　白洋淀沉积物中非常规监测金属元素的地累积指数

2.4　白洋淀沉积物中稀土元素的赋存特征及风险评价

稀土元素是指原子序数从 57～71 的 15 个镧系元素及与镧系元素密切相关的元素 Y 和 Sc。稀土元素具有相同的外层价电子，其物理化学性质很相似。其中，从 La 到 Eu 称为轻稀土（又称铈组），Gd 到 Lu 称为重稀土（又称钇组）。白洋淀沉积物中稀土元素的浓度见表 2.17。从表 2.17 中可以看出，除 La 和 Ce 外，其他稀土元素的浓度的标准差很小，说明这些稀土元素受点位变化影响很小。与河北省土壤背景值相比，La、Er 和 Yb 的浓度小于河北省土壤背景值，其他稀土元素的浓度是河北省土壤背景值的 1.02～1.76 倍。与中国土壤背景值相比，稀土元素的平均浓度是中国土壤背景值的 0.88～1.58 倍，说明这些稀土元素受人为影响的程度不大。

表 2.17　　　　　　　　白洋淀沉积物中稀土元素的浓度　　　　　　　　单位：mg/kg

元素	最小值	最大值	平均值	标准差	河北省土壤背景值	中国土壤背景值
La	24.72	48.88	35.24	5.34	37.7	39.7
Ce	75.13	142.71	108.19	15.21	61.6	68.4
Pr	5.21	9.98	7.34	1.05	6.17	7.17
Nd	20.79	38.84	28.65	4.03	22.9	26.4
Sm	3.68	6.54	5.05	0.63	4.57	5.22
Eu	0.92	1.42	1.16	0.11	0.97	1.03
Gd	3.19	5.74	4.47	0.56	4.08	4.44
Tb	0.49	0.89	0.71	0.09	0.68	0.59
Dy	2.67	4.70	3.86	0.46	3.57	4.03
Ho	0.53	0.95	0.78	0.09	0.201	0.84
Er	1.47	2.61	2.18	0.23	2.22	2.47
Tm	0.22	0.39	0.33	0.03	0.31	0.36
Yb	1.43	2.40	2.06	0.20	2.09	2.35
Lu	0.24	0.39	0.34	0.03	0.31	0.36
Sc	7.19	14.98	11.27	1.95		11.1
Y	13.55	23.46	19.90	2.15		22.9
LREE			185.63			147.92
HREE			34.63			38.34
轻重稀土元素比值			5.36			3.86

稀土元素的分布模式在研究其地球化学过程中很重要。其中，轻重稀土元素的比值能表示其富集程度：$LREE/HREE = \sum(La-Eu)/\sum(Gd-Lu+Y)$，若轻重稀土比值高，说明在该样品中轻稀土元素的相对富集，反之则表明该样品中重稀土元素相对富集。白洋淀沉积物中轻重稀土元素比值为 5.36，明显高于中国土壤背景值 3.86，说明白洋淀沉积物中轻重稀土元素发生了分馏，轻稀土元素相对富集。

利用地累积指数法对白洋淀沉积物中稀土元素的风险进行评价。由于缺乏 Sc 和 Y 两种元素的环境背景值，因此，仅采用河北省土壤背景值对狭义的稀土元素展开评价。白洋淀沉积物每个采样点稀土元素的地累积指数见图 2.11。La、Ce、Pr、Nd、Sm、Eu、Gd、Tb、Dy、Ho、Er、Tm、Yb 和 Lu 的平均 I_{geo} 值为 −0.70、0.21、−0.35、−0.28、−0.45、−0.33、−0.46、−0.54、−0.48、1.37、−0.62、−0.50、−0.61 和 −0.45，说明 Ce 处于无污染到中度污染水平；Ho 处于中度污染水平；其他金属处于无污染水平。具体来说，从图 2.11 中可以看出，Ce 在 S6、S7、S9~S11、S14、S15 和 S35 采样点属于无污染，其他采样点均处于无污染到中度污染水平；Pr 在 S32 采样点，Nd 在 S20 和 S32 采样点属于无污染到中度污染水平，其余采样点都处于无污染水平；Ho 在 S6 和 S9 采样点处于无污染到中度污染水平，其余采样点处于中度污染水平；其余元素在所有采样点均处于无污染水平。以 Ce 为例，样品中 Ce 的含量高于河北省土壤背景值，然而地累

积指数法评价结果显示，总体上白洋淀沉积物未受到 Ce 污染，但对某些局部地区而言，可能受到了人类活动的影响。

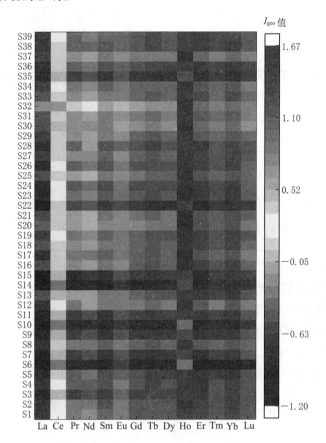

图 2.11　白洋淀沉积物每个采样点稀土元素的地累积指数（参见文后彩图）

第3章

白洋淀多环芳烃污染特征与风险评估

多环芳烃（PAHs）是一类广泛存在于环境中的持久性有机污染物，具有致癌、致畸、致突变"三致"毒性，会对生态环境和人体健康带来潜在的长期危害（Harvey，2006）。土壤和沉积物是 PAHs 的一个主要的"汇"（Ockenden et al.，2003；Wild et al.，1995）。大气向土壤的干湿沉降是 PAHs 进入土壤的主要途径。同时，土壤中的 PAHs 也可以通过挥发作用等过程重新进入大气（Meijer et al.，2002），或通过地表冲刷和淋溶等自然过程进入地表水和地下水（Cousins et al.，1999），造成水环境污染。进入水环境中的 PAHs 因其低溶解性和疏水性往往在水体中含量很低，但其易于与悬浮物结合而沉于水底，因此沉积物同样也是 PAHs 主要的"汇"（Chiou et al.，1998；Gearing et al.，1980；Knap et al.，1982）。同时沉积物中的 PAHs 还可通过再悬浮成为 PAHs 的源，造成二次污染（Yuan et al.，2001）。环境中的 PAHs 被生物吸收并通过食物链传递到人体当中，对人体造成风险（Menzie et al.，1992；Tao et al.，2004）。因此，PAHs 污染已引起人们的高度重视。

通过对 2007 年白洋淀湿地两个重要的"汇"土壤和沉积物中 PAHs 污染进行深入研究，详细掌握了其污染特征、来源以及生态风险，可作为白洋淀 PAHs 污染演变趋势的参考依据，也可为白洋淀水环境安全保障提供技术支持。

3.1 样品制备

样品提取参考 US EPA 标准方法 3545（US EPA，1996）有关内容，将 20g 硅藻土和 10g 样品填入装好玻璃纤维膜的加速溶剂提取仪的 100mL 萃取池中，加入回收率指示物氘代芘 $2\mu g$。使用体积比为 1：1 的正己烷与二氯甲烷混合溶剂进行提取。样品先在 125℃、1.03×10^7Pa 的条件下加热 7min，同样条件下静态提取 7min，循环两次，然后用 60mL 体积比为 1：1 的正己烷与二氯甲烷的混合溶剂进行淋洗，再经高纯氮气（N_2）吹扫 60s，完成提取。提取液在旋转蒸发仪上减压浓缩约至 3mL（水浴温度 40℃），并继续在高纯 N_2 下吹至约 1mL。

样品净化过程参考 US EPA 标准方法 3620C（US EPA，2000a）有关内容，采用弗罗里硅土萃取柱进行净化。先向萃取柱中加入 5mL 正己烷进行活化，然后将浓缩后的萃取液过柱，用 9mL 体积比为 1：9 的丙酮与正己烷混合溶剂和 5mL 的二氯甲烷淋洗柱子，将所有淋洗液收集于指管中。

用高纯 N$_2$ 吹扫溶剂，之后用正己烷定容至 1.0mL。待测液定容后转移至气相色谱仪（GC）自动进样器的样品瓶中，置于冰箱 4℃保存至待测。

3.2 样品检测

使用 Agilent 公司的 GC/MS（HP6890/HP5975）气相色谱质谱联用仪测定样品瓶中 16 种 US EPA 优先控制的 PAHs 的浓度。分析测试采用不分流进样方式。GC/MS 条件：使用 Agilent DB－5 气相毛细管柱（5％苯基甲基聚硅氧烷），规格为 60m×0.25mm×0.25μm；载气为高纯氦气（99.999％），柱流速 1mL/min，进样口温度为 280℃。升温程序为：初始温度 40℃，以 15℃/min 速度升至 200℃，在 200℃下保持 5min，再以 3℃/min 速度升至 300℃，保持 10min。质谱的 EI（电子轰击离子源）电离源为 70eV，离子源温度 280℃。以相对保留时间和特征碎片离子的峰强度比值对沉积物中的 PAHs 类化合物进行定性分析，以氘代苊和氘代菲为内标，通过校准曲线对 PAHs 进行定量分析。每 12 个样品为 1 批，每批样品完成的同时增加平行样、方法空白和程序空白。对每个分析样品添加 Surrogate 标样，以控制分析流程的回收率。方法空白中无目标化合物检出，各样品中回收率指示物的回收率范围为 66.5％～107.3％，相对标准差为 2.9％～16.6％，具体详见表 3.1 和图 3.1。

表 3.1　　　　　　　　　分析 PAHs 设定的特征碎片峰参数及回收率和检出限

PAHs	保留时间 /min	定量离子 /(m/z)	辅助定性离子 /(m/z)	回收率 /％	相对标准差 /％	检出限 /(ng/g)
Nap	11.81	128	129，127，102	66.5	16.6	0.15
Acy	14.85	152	153，126，98	76.8	7.4	0.26
Ace	15.30	153	152，115，76	82.4	6.3	0.35
Flo	15.79	166	167，165，139，83	89.5	5.9	0.27
Phe	20.32	178	179，176，152，76	98.1	5.2	0.33
Ant	20.65	178	179，176，152，89	86.3	3.4	0.26
Fla	27.42	202	203，201，174，150	101.4	6.4	0.43
Pyr	29.61	202	203，201，174，150	99.5	4.5	0.46
BaA	37.24	228	229，226，114，101	95.9	4.5	0.44
Chr	38.12	228	229，226，114，101	92.6	2.9	0.5
BbF	45.57	252	250，126，125，113	107.3	5.3	0.55
BkF	45.74	252	250，126，125，113	104.2	6.1	0.43
BaP	47.64	252	250，125，63	86.7	6.7	0.54
IcdP	54.82	276	277，138，124	80.4	6.3	0.43
DahA	55.07	278	279，276，250，139	87.5	9.2	0.78
BghiP	56.60	276	277，274，138，137	81.4	10.8	0.92

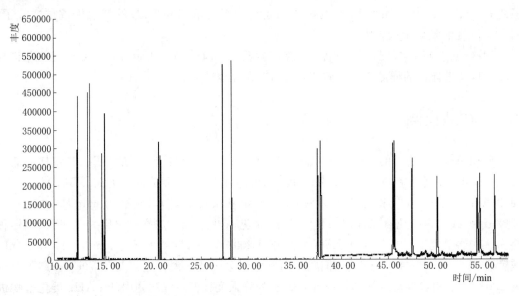

图 3.1 GC - MS 标样谱图

3.3 土壤中 PAHs 污染特征

3.3.1 样品采集

2007 年 8 月对白洋淀土壤样品进行了采集。每个采样点分别采集表层（0～20cm）和亚表层（20～30cm）土壤样品，其中，农田亚表层土壤采集于受扰动较小的犁底层以下（30～40cm）。所有采集样品均装入洁净的不锈钢饭盒，再装入聚乙烯袋中，密封冷藏运回实验室。样品经冷冻干燥，研磨过 100 目不锈钢筛，之后保存于洁净的棕色磨口瓶中，置于冰箱 4℃保存待测。土壤有机碳测定采用重铬酸钾容量法（鲍士旦，2000）。土壤采样点信息和有机碳含量见表 3.2。

表 3.2 土壤采样点信息和有机碳含量

采样点	周围环境	用地类型	层次	厚度 /cm	有机碳含量 /(g/kg)
B1	农作区	农田	表层	0～20	10.7
			亚表层	30～40	10.4
B2	乡村公路、村庄	农田	表层	0～20	6.7
			亚表层	30～40	1.5
B3	码头附近	湿地	表层	0～20	4.6
			亚表层	20～30	2.4
B4	乡村公路、村庄	农田	表层	0～20	4.0
			亚表层	30～40	1.5

采样点	周围环境	用地类型	层次	厚度/cm	有机碳含量/(g/kg)
B5	主航道旁、村庄	湿地	表层	0~20	22.0
			亚表层	20~30	9.9
B6	闸口枢纽附近	湿地	表层	0~20	4.7
			亚表层	20~30	13.8
B7	村庄、航道旁	湿地	表层	0~20	18.2
			亚表层	20~30	18.8
B8	航道旁	农田	表层	0~20	9.7
			亚表层	30~40	12.1

3.3.2 土壤中 PAHs 含量特征

表层土壤中 16 种 PAHs 总含量范围为 146~645.9ng/g，平均含量为 417.4ng/g（表 3.3）。B1 点含量最低（146.0ng/g），B5 点含量最高（645.9ng/g），该点靠近居民区，临近主航道，可认为受人类活动影响强烈。与农田土壤相比，湿地土壤中 PAHs 含量普遍较高。这可能与采样点的环境条件，土壤理化性质等因素有关。亚表层土壤中 16 种 PAHs 总含量范围为 43.0~394.5ng/g，平均含量为 152.4ng/g，较表层土壤含量低。表明 PAHs 进入土壤后主要富集在表层。

土壤中典型内源性 PAHs 的范围在 1~10ng/g（Edwards，1983），它们主要来自于植物的分解和自然火灾。白洋淀表层土壤中 PAHs 的含量远高于自然值，说明该地区土壤已受到人为因素的影响。目前国际上尚无土壤 PAHs 污染评价的统一标准。就土壤中 PAHs 总量而言，Maliszewska-Kordybach（1996）根据若干欧洲国家土壤 PAHs 的测定数据，结合人体暴露风险，将污染程度分成以下 4 类：16 种 PAHs 的总量小于 200ng/g 为无污染，200~600ng/g 为轻微污染，600~1000ng/g 为中等污染，大于 1000ng/g 为重污染。根据这一标准，B1 点属于无污染（146.0ng/g），B5 点为中等污染（645.9ng/g），其余各点属于轻度污染（200~600ng/g）。同时，与白洋淀湿地表层沉积物中 PAHs 污染水平相比，白洋淀表层土壤中多环芳烃的含量（417.4ng/g）要低于表层沉积物中多环芳烃含量（588.4ng/g）（周怀东等，2008）。

表 3.3 　　　　　　白洋淀表层和亚表层土壤中 PAHs 的含量　　　　　　单位：ng/g

PAHs	土壤	B1	B2	B3	B4	B5	B6	B7	B8	平均值
Nap	表层	56.1	106.5	23.6	8.0	186.6	84.6	98.5	87.0	81.4
	亚表层	28.7	31.3	24.5	21.3	36.8	49.3	135.2	61.4	48.6
Acy	表层	2.7	14.0	11.1	10.6	15.8	10.0	13.8	14.1	11.5
	亚表层	1.1	0.8	1.1	0.8	1.3	3.9	4.9	3.4	2.2
Ace	表层	2.5	2.6	0.6	0.3	8.2	3.2	4.1	5.4	3.4
	亚表层	1.1	1.1	1.0	0.9	1.8	3.4	8.4	4.9	2.8

续表

PAHs	土壤	B1	B2	B3	B4	B5	B6	B7	B8	平均值
Flo	表层	14.1	20.9	12.2	9.5	43.2	28.3	27.0	30.6	23.2
	亚表层	5.5	4.7	5.6	4.1	10.5	28.1	51.8	30.3	17.6
Phe	表层	32.8	42.9	16.6	9.9	73.3	39.7	56.8	55.0	40.9
	亚表层	18.5	8.8	12.3	10.2	32.6	65.9	121.2	65.6	41.9
Ant	表层	2.1	15.0	13.6	12.6	16.7	16.0	12.6	15.4	13.0
	亚表层	1.3	0.4	0.8	0.5	1.3	8.2	5.6	2.8	2.6
Fla	表层	14.5	36.0	23.1	18.3	40.5	31.1	37.6	35.1	29.5
	亚表层	8.8	1.6	1.9	2.4	6.2	44.5	40.1	11.3	14.6
Pyr	表层	8.3	27.4	20.5	18.4	32.5	26.3	30.4	27.7	23.9
	亚表层	5.2	1.0	0.6	1.6	4.7	28.9	23.4	7.0	9.1
BaA	表层	2.4	27.2	34.9	26.7	30.6	29.3	27.3	27.5	25.7
	亚表层	1.8	0.3	0.1	0.1	1.0	9.1	1.3	0.4	1.8
Chr	表层	8.4	ND	ND	ND	11.7	7.7	ND	ND	9.3
	亚表层	6.9	0.0	0.3	0.1	3.6	24.7	1.3	0.5	4.7
BbF	表层	0.2	39.5	39.5	40.0	39.4	40.1	39.5	39.5	34.7
	亚表层	0.1	0.1	0.1	0.1	0.1	0.3	0.2	ND	0.1
BkF	表层	0.2	49.0	39.5	37.8	44.4	41.0	45.4	37.8	36.9
	亚表层	0.1	0.1	0.1	0.1	0.1	0.3	0.2	ND	0.1
BaP	表层	0.4	26.5	26.1	26.1	26.2	26.6	26.2	26.0	23.0
	亚表层	0.3	0.1	0.3	0.2	0.2	12.7	0.2	0.2	1.8
IcdP	表层	1.0	33.4	33.6	33.2	35.2	33.8	34.5	33.6	29.8
	亚表层	0.5	0.1	0.0	0.3	0.6	11.6	0.2	0.1	1.7
DahA	表层	0.2	26.6	23.7	23.7	23.8	25.0	24.1	24.6	21.5
	亚表层	ND	0.1	0.1	0.2	0.3	0.1	0.3	0.1	0.2
BghiP	表层	0.3	17.8	17.7	17.6	17.6	17.6	17.6	17.7	15.5
	亚表层	0.7	0.1	0.1	0.2	0.2	21.0	0.2	0.1	2.8
总含量	表层	146.0	485.2	336.6	292.7	645.9	460.3	495.5	477.0	417.4
	亚表层	80.7	50.5	49.0	43.0	101.0	312.1	394.5	188.3	152.4

注　ND 表示未检出。

3.3.3　土壤中 PAHs 分布特征

由表 3.3 可知，各采样点表层土壤中单个化合物表现出以 Ace、Chr 和 Acy 平均含量相对较低，主要的单个 PAHs 组分平均含量的顺序为：Nap＞Phe＞BkF＞BbF＞IcdP ≈ Fla。与表层土壤相比，各采样点亚表层土壤中单个 PAHs 组分含量明显降低，主要的单个 PAHs 平均含量的顺序为：Nap＞Phe＞Flo＞Fla＞Pyr。图 3.2 显示了表层土壤和亚表

层土壤中 2～3 环、4 环和 5～6 环 PAHs 分布特征。可以看出，就表层土壤而言，B1 点表现出明显的以 2～3 环 PAHs 组分占优势。B3 和 B4 点以 5～6 环 PAHs 为主，其余采样点各环数比例较为接近。与表层土壤不同，各采样点亚表层土壤中 PAHs 环数分布以 2～3 环化合物为主。作用于 PAHs 的迁移机制及其本身的理化性质是影响 PAHs 在土壤剖面迁移、分布的重要因素。本书采集的亚表层土壤受人为扰动相对较小，可认为淋溶是 PAHs 发生迁移的主要作用机制。萘、菲等溶解性和活性相对较高的低环（2～3 环）化合物，进入土壤后在淋溶作用下较易发生向下迁移。因此，在亚表层土壤中仍能检测到较高含量的低环（2～3 环）化合物。而 BbF、BkF、BaP 及 IcdP 等高环（≥4 环）PAHs 水溶性较低，受淋溶作用向下迁移程度相对较低。因此，高环（≥4 环）PAHs 多累积在土壤表层，亚表层含量较低。

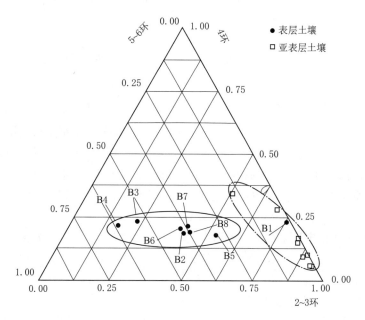

图 3.2　表层土壤和亚表层土壤中不同环数 PAHs 组成的三角分布图

3.3.4　土壤中 PAHs 含量与有机碳的关系

PAHs 是疏水化合物，较容易吸附到土壤中的有机碳颗粒上。有研究指出，土壤有机碳是影响 PAHs 分布的一个主要因素。土壤有机碳含量越高，土壤中 PAHs 含量也越高（Bucheli et al.，2004；Wilcke et al.，2000）。

对表层和亚表层土壤中 PAHs 和有机碳含量进行相关性分析结果表明，表层土壤中 PAHs 浓度与有机碳含量之间相关性不显著（$r = 0.5428$，$p = 0.1644$），而在亚表层土壤中二者则表现出极显著相关性（$r = 0.8921$，$p < 0.01$）（图 3.3）。这一结果表明，由于表层土壤易受到翻耕犁种等人类活动及生物扰动的影响，从而削弱了有机碳对 PAHs 等有机污染物的控制作用，而亚表层土壤受到干扰较小，PAHs 在其中的分配趋于稳定（李久海等，2007）。同时，当 PAHs 吸附到可溶的有机物或有机胶体上时，这部分 PAHs 会与

可溶性有机物一起发生向下迁移（陈静等，2004），因此有机碳对 PAHs 在亚表层的分布起着一定控制作用。

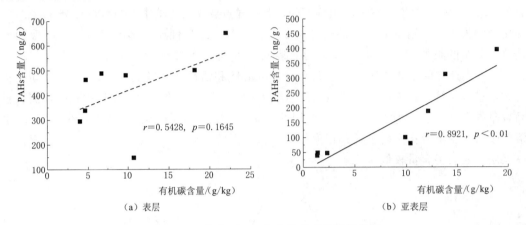

（a）表层　　　　　　　　　　　　　　　（b）亚表层

图 3.3　土壤中 PAHs 与有机碳含量的相关性

3.3.5　土壤中 PAHs 源解析

　　人为来源是环境中 PAHs 的主要来源，主要包括化石燃料和生物质的不完全燃烧以及化石燃料自然挥发或泄漏等过程。根据 PAHs 人为产生过程的差异，可以将其进入环境的途径分为来自石油、燃烧生成两种，并且每一种途径均有自己独特的 PAHs 成分和比值。环境介质中某些 PAHs 浓度比值常用来识别 PAHs 的来源。其中，Ant/（Ant＋Phe）系列通常用于区分油类排放源和燃烧源，而 Fla/（Fla＋Pyr）和 Icdp/（IcdP＋BghiP）这 2 个系列稳定性范围大，能较好地保存原始信息，可用于判断石油燃烧源和木柴、煤燃烧源（Yunker et al.，2002）。本书选取这 3 个系列来判别白洋淀表层土壤 PAHs 的来源。根据 Yunker 等（2002）归纳的结果，Ant/（Ant＋Phe）小于 0.1 通常意味着油类排放来源；大于 0.1 则主要是燃烧来源。Fla/（Fla＋Pyr）小于 0.4 意味着油类排放来源，大于 0.5 主要是木柴、煤燃烧来源，位于 0.4 与 0.5 之间则意味着石油及其精炼产品的燃烧来源；IcdP/（IcdP＋BghiP）小于 0.2 表明主要是油类排放来源，大于 0.5 则主要是木柴、煤燃烧来源，在此之间为石油燃烧来源。

　　分别计算 Ant/（Ant＋Phe）、Fla/（Fla＋Pyr）和 IcdP/（IcdP＋BghiP）3 种指标值。以 Fla/（Fla＋Pyr）为横坐标，其他比值为纵坐标做 PAHs 来源诊断图，结果如图 3.4 所示。可以看出，B1 样点 Ant/（Ant＋Phe）比值位于油类排放和燃烧来源的交线上（≈0.1），其余各样点 Ant/（Ant＋Phe）比值均大于 0.1，指示出燃烧源是 PAHs 主要来源。IcdP/（IcdP＋BghiP）比值结果显示，所有样点的比值均大于 0.5，显示草、木柴和煤的燃烧来源占优势。从 Fla/（Fla＋Pyr）指标来看，B4 样点的比值处于油类燃烧和木柴、煤燃烧来源的交线上（≈0.5），该样点地处庄稼地，临近城镇公路，受汽车尾气排放影响较重。其余样点的比值都大于 0.5，指示出 PAHs 来源以草、木柴和煤的燃烧为主。总体来看，生物质和煤燃烧是白洋淀土壤 PAHs 的主要来源，这与淀区的人为活动如秸秆焚烧、生活燃煤等密切相关。

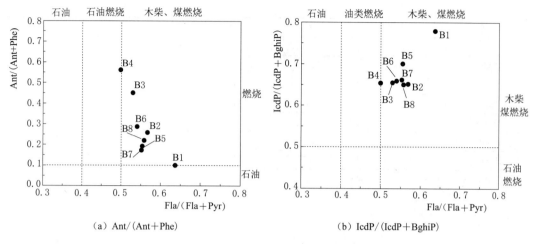

（a）Ant/（Ant+Phe）　　　　　　　（b）IcdP/（IcdP+BghiP）

图 3.4　白洋淀表层土壤 PAHs 来源诊断

3.4　沉积物中 PAHs 污染特征

3.4.1　样品采集

白洋淀湿地表层沉积物采样时间为 2007 年 8 月。以网格法为基础，共设 85 个采样点，用自制的浅水沉积物柱状样采样器对布设样点进行采样，每个采样点采集 1 个柱状沉积物样品。样品采集后立刻将表层沉积物（0～5cm）装入不锈钢饭盒，再装入聚乙烯袋中，密封冷藏运回实验室。白洋淀湿地沉积物采样点分布见图 3.5。采集样品经冷冻干燥后，研磨过 100 目不锈钢筛，之后保存于洁净的棕色磨口瓶中，低温保存备用。

3.4.2　PAHs 污染水平

根据白洋淀湿地 85 个表层沉积物样品中 15 种 PAHs 测定浓度的原始数据计算获得相关统计量列于表 3.4。由于超过 80% 的样点 Chr 未检出，因此表中未列出 Chr 化合物含量。

表 3.4　　　　　　　白洋淀湿地表层沉积物中 PAHs 含量基本统计信息　　　　　单位：ng/g

化合物	最小值	中值	最大值	均值	标准差
Nap	15.1	62.8	247.6	79.8	54.7
Acy	5.1	13.9	31.8	14.5	3.5
Ace	0.1	4.9	25.3	6.0	5.0
Flo	13.0	40.8	190.2	50.2	30.1
Phe	21.9	66.0	408.2	79.1	54.1
Ant	9.9	19.2	68.8	21.1	8.2
Fla	20.6	53.2	253.9	62.6	37.8
Pyr	20.3	42.4	243.2	48.9	30.1
BaA	15.1	29.2	42.9	29.6	3.6

续表

化合物	最小值	中值	最大值	均值	标准差
BbF	4.8	40.0	43.4	39.8	3.9
BkF	4.8	45.5	111.5	50.2	16.6
BaP	21.6	26.1	46.1	27.2	3.2
IcdP	25.1	33.7	47.1	33.9	1.8
DahA	1.6	25.6	69.1	27.8	7.8
BghiP	12.3	17.6	41.8	18.2	2.9
$\sum PAH_{15}$	324.6	527.7	1738.5	588.8	219.3

注 $\sum PAH_{15}$: 除 Chr 外，其余 15 种优控 PAHs 含量总和。

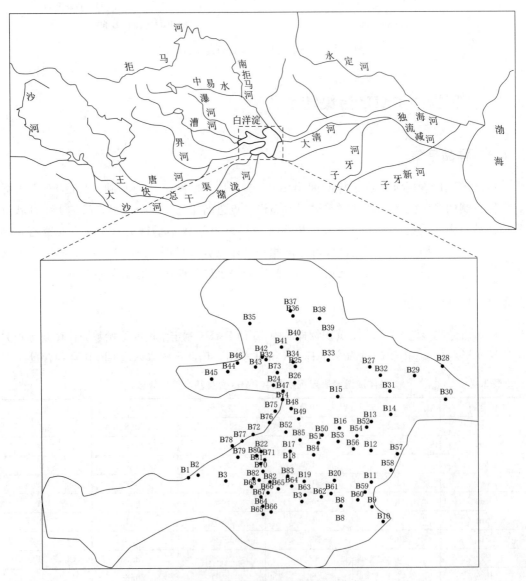

图 3.5 白洋淀湿地沉积物采样点分布

　　白洋淀湿地沉积物中 15 种 PAHs 总含量为 324.6～1738.5ng/g，平均值为（588.8±219.3)ng/g，略低于海河流域沉积物总 PAHs 平均含量［(635.8±601.6)ng/g］，略高于同期胡国成（2009）和朱樱（2009）的调查结果（101.3～1494.8ng/g 和 466.9～1366ng/g），与刘新会 2009 年的调查结果基本相同（229.86～1750.06ng/g），略低于 Guo 等（2013）的调查结果（39.48～1877.75ng/g）。与国内外其他湖泊、河口及海湾沉积物 PAHs 污染水平进行比较，结果表明，相比国外一些典型的河口、近海岸带如 Casco 海湾（Kennicutt et al.，1994）、Narragansett 海湾（Hartmann et al.，2004）、Kitimat 港（Simpson et al.，1996）及新加坡海岸（Basheer et al.，2003），研究区表层沉积物 PAHs 含量较低，但要高于韩国 Kyenoggi 海湾（Kim et al.，1999）；墨西哥 Toidos Santos 湾（Botello et al.，1998）、美国 Chesapeake 海湾（Foster et al.，1988）等地。与国内河流、湖泊及河口沉积物 PAHs 污染相比，白洋淀湿地沉积物 PAHs 污染高于太湖（袁旭音等，2004）、南四湖（史双昕等，2005）、红枫湖（罗世霞，2005）、杭州湾（陈卓敏等，2006）、渤海湾近岸（林秀梅等，2005）、珠江河口及南海近岸带（罗孝俊，2005），低于香港维多利亚港（Hong et al.，1995）、胶州湾（杨永亮等，2003）、长江口潮滩（刘敏等，2001）、大连湾（刘现明等，2001）、厦门西港（田蕴等，2004）及珠江三角洲地区（罗孝俊，2006）等地。各地区地理位置、经济发展水平不同是造成 PAHs 污染差异的原因。因此，白洋淀湿地表层沉积物 PAHs 处于中等偏低污染水平。

3.4.3　PAHs 组成特征

　　图 3.6 给出了以 15 种 PAHs 含量总和为基准计算的各种 PAHs 的平均百分含量，及不同环数 PAHs 所占的比例。由图 3.6 可见，白洋淀湿地表层沉积物中主要的 6 种 PAHs 组分的相对含量由高到低的顺序依次为：Nap（13.6％）、Phe（13.4％）、Fla（10.6％）、

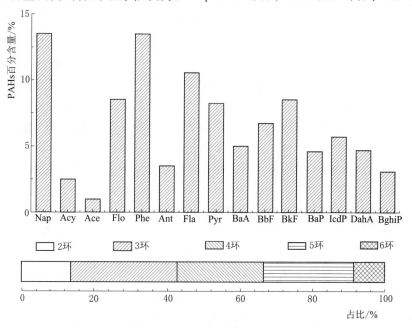

图 3.6　白洋淀湿地表层沉积物中 PAHs 组成谱特征

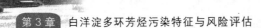
Flo（8.5%）、BkF（8.5%）和 Pyr（8.3%），6 种 PAHs 累计含量占总量的 63%。15 种 PAHs 中 2 环、3 环、4 环、5 环和 6 环含量分别占总量的 13.6%、29.0%、24.0%、24.6% 和 8.8%，这表明无占有绝对优势的组分。此组成分布情况，在一定程度上反映出白洋淀湖泊湿地中 PAHs 污染来源较为复杂，木柴、煤的燃烧以及船只油类污染都可能是湿地 PAHs 的污染来源。

3.4.4 PAHs 空间分布特征

本书利用系统网格布点对白洋淀湿地表层沉积物中 PAHs 污染进行了研究，在系统网格的点数据基础上，通过克里格（Kriging）插值的方法，获得整个区域的 $\sum$PAH15 浓度数据，借此对白洋淀湿地表层沉积物中 $\sum$PAH15 的空间分布特征进行分析。图 3.7（b）给出了白洋淀湿地表层沉积物中 PAHs 总含量空间分布克里格插值图。为便于对照，在图 3.7（a）中同时给出了 85 个样点表层沉积物中 PAHs 总含量空间分布的点状分级图。

由图 3.7（b）可以看出，白洋淀湿地表层沉积物 PAHs 污染程度空间分布不均，按东西中轴线（116.01°）可将淀区 PAHs 污染划分为两个区域：西部高污染区和东部低污染区。此外，在西部高污染区又明显存在 3 个含量较高区域，分别是区域 A：位于淀区西北部府河入淀处（安新大桥、南刘庄）；区域 B：位于淀区主要的生活和旅游文化区（王家寨、寨南村和文化苑景区）；区域 C：位于淀区西南部的农业和水产养殖区（小麦淀、大麦淀和北田庄），3 个区域 PAHs 含量明显高于其他区域。而淀区东部等值线稀疏，与西部相比含量较低。图中还可以直观看出各高浓度区中心的大致位置。

3.4.5 主要污染源对 PAHs 空间分布的影响

白洋淀内污染物的来源分布范围广，成分构成复杂。上游河流污水排入，淀区居民生活和旅游污染、农业生产污染和交通污染是淀区内主要的污染来源。本节结合这些污染源与淀区间的相互位置关系来探讨造成白洋淀湿地沉积物 PAHs 含量空间分布差异的原因。

白洋淀西部是府河、唐河等主要河系入淀处。20 世纪 60 年代末期上游天然水截流，除府河外其余 8 条河流流量不稳定，受季节控制，部分河流成为生活污水和工业废水的排污去向。非汛期各河周边的污水排入河道，由于水量较小存蓄于河道内，这些污染物质在汛期随洪水一起汇入淀内。此外，与淀区东部相比，白洋淀西部与周边城镇和村落更为接近。而且西部周边城镇的经济发展水平、交通发达程度、人口密度等也要高于淀区东部周边城镇。这些因素均可导致淀区西部区域 PAHs 污染排放量较高。因此，以上原因均可导致淀区西部水体沉积物 PAHs 污染水平高于东部。

由淀区内 PAHs 含量分布可知 [图 3.7（b）]，几个高值区均与污染源排放有着直接关系。A 区域位于府河入淀处，保定市工业废水、农业废水及生活污水经过府河排污渠道直接流入白洋淀，导致这个区域 PAHs 污染比较严重。同时这一区域靠近安新县城南部，是县城重要的公路交通枢纽地带，人类活动强度较高。PAHs 总含量为 986.5ng/g 的取样点（B45）位于该区域安新大桥附近。B 区域位于淀区主要居民生活区和风景旅游区。本书中 PAHs 总含量最高值的取样点（B47，1738.5ng/g）在该区域的寨南村附近，同时

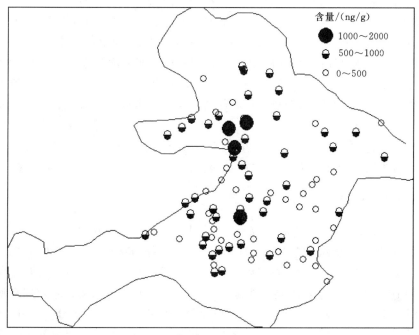

（a）点状分级图

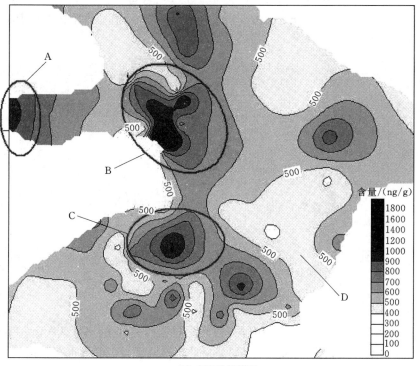

（b）克里格插值图

图 3.7　白洋淀湿地表层沉积物中 PAHs 总含量空间分布图

位于淀头村和王家寨生活区重要交通枢纽地带的取样点（B73 和 B25）PAHs 总含量也高达 1028.0ng/g 和 1051.6ng/g。PAHs 高浓度水平与区域内居民日常生活排放、机动船只油类泄露和燃烧等过程产生的 PAHs 进入水体后，在沉积物中不断累积，从而达到高污染程度有关。C 区域是淀区主要的种植和水产养殖区，离村落较近，受居民生活和农业生产过程产生的 PAHs 污染影响较大。取样点 B18 沉积物中 PAHs 总含量达到 1000ng/g。D 区域多为宽阔开放性水面，距离城镇和村落较远，无明显的点源污染排放，因此 PAHs 总含量较低（小于 500ng/g）。

　　综上所述，白洋淀湿地 PAHs 污染水平的差异是流域内人类活动强度差异造成的，空间分布特征取决于湿地周边河流的输入、距离污染源远近以及内部点源污染。

3.4.6　PAHs 源解析

　　选取 Ant/(Ant＋Phe)、Fla/(Fla＋Pyr)、IcdP/(IcdP＋BghiP) 3 种母体 PAHs 比值来判别白洋淀湿地表层沉积物中 PAHs 的来源。根据 Yunker 等（2002）归纳的结果，Ant/(Ant＋Phe) 小于 0.1 通常意味着油类排放来源；大于 0.1 则主要是燃烧来源。Fla/(Fla＋Pyr) 小于 0.4 意味着油类排放来源，大于 0.5 主要是木柴、煤燃烧来源，0.4 与 0.5 之间则意味着石油及其精炼产品的燃烧来源；IcdP/(IcdP＋BghiP) 小于 0.2 表明主要是油类排放来源，大于 0.5 则主要是木柴、煤燃烧来源，在此之间为石油燃烧来源。分别计算白洋淀湿地表层沉积物中 Ant/(Ant＋Phe)、Fla/(Fla＋Pyr) 和 IcdP/(IcdP＋BghiP) 3 种指标值。以 Fla/(Fla＋Pyr) 为横坐标，其他比值为纵坐标获得 PAHs 来源诊断图，结果如图 3.8 所示。

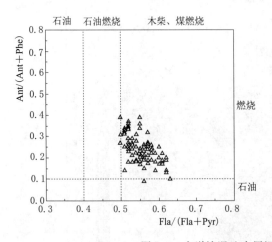
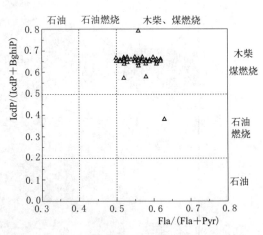

图 3.8　白洋淀湿地表层沉积物中 PAHs 来源诊断图

　　可以看出，在 85 个样点中，仅有两个样点（B2 和 B3）的 Ant/(Ant＋Phe) 比值处于油类排放和燃烧来源的交线上（≈0.1），反映出这两个样点受油类排放污染较重，其余各样点均大于 0.1，指示出 PAHs 主要来自于燃烧源。IcdP/(IcdP＋BghiP) 比值结果显示，仅有一个样点（B2）的比值介于 0.2 和 0.5 之间，指示为石油燃烧源；其余样点均大于 0.5，显示 PAHs 主要来自草、木材和煤的燃烧来源。从 Fla/(Fla＋Pyr) 指标来看，所有样点的比值均大于 0.5，显示草、木柴和煤的燃烧来源。部分样点的比值位于 0.5 附近，可认为这些样点存在燃油与木柴和煤燃烧混合来源特征。

综合考虑 3 种比值的计算结果，可以推断出白洋淀湿地表层沉积物 PAHs 主要以草、木柴和煤的燃烧来源为主，部分样点存在以燃油与木柴和煤燃烧混合来源特征。个别样点受油类排放污染严重。通过实地调查，白洋淀及其周围相当大区域的工业及冬季取暖仍采用燃煤方式，煤气、无烟煤的不完全燃烧仍可能是 PAHs 的主要来源。此外，淀区内生活燃柴、作物焚烧、旅游和捕鱼机动船只的燃油排放等对湿地的污染影响也不容忽视。

进一步用主成分分析法对白洋淀湿地 PAHs 来源进行分析，在主成分分析之前，对 85 个采样点 15 种 PAHs 含量数据先进行 KMO 和 Bartlett 测试，KMO 抽样适度测定值为 0.799，大于 0.5；Bartlett 的球型检验值为 1649.1，P 值（＝0.000）<0.05。结果表明，适合进行主成分分析。以 85 个样点 15 种 PAHs 含量为变量进行主成分分析计算，共获得 4 个主成分，可以解释的累计方差达到 85%，基本上反映了原有数据的主要信息。图 3.9 给出了由最大方差正交旋转后获取的 PC_1 和 PC_2 因子载荷。

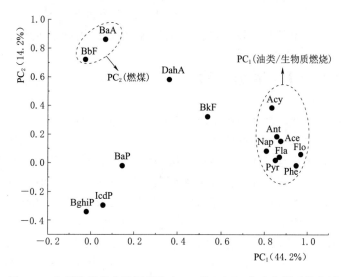

图 3.9　白洋淀湿地表层沉积物中 15 种 PAHs 主成分因子载荷图

由图 3.9 可见，PC_1 的方差贡献率达 41.2%，Nap、Acy、Ace、Flo、Phe、Ant、Fla 及 Pyr 共 8 种 PAHs 在其上有较高载荷。研究资料表明，Nap、Acy、Fla 和 Pyr 是油类污染的特征化合物，而生物质燃烧源的 PAHs 排放产物中以 Phe、Ant、Fla 及 Pye 相对含量较多（Simoneit，2002；Xu et al.，2006）。因此 PC_1 可代表为油类污染和生物质燃烧的 PAHs 来源。PC_2 的方差贡献率为 14.2%，主要污染因子 BaA 和 BbF，是燃煤排放的标志性物质（Harrison et al.，1996；Larsen et al.，2003；Simcik et al.，1999），因此 PC_2 可代表燃煤 PAHs 来源。此外，PC_3 的方差贡献率为 13.71%，主要污染因子为汽油不完全燃烧释放的 BaP 和 DahA，因此 PC_3 可指示为交通源。PC_4 的方差贡献率为 13.18%，柴油引擎排放的标志性物质 BghiP 和 IcdP 具有较高载荷（Guo et al.，2003；Harrison et al.，1996；Khalili et al.，1995；Rogge et al.，1993；Venkataraman et al.，

1994）。因此，PC$_4$ 可指示为柴油源。

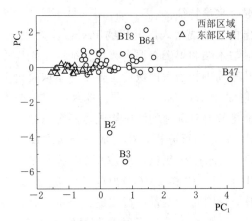

图 3.10　各样点在 PC$_1$ 与 PC$_2$ 的得分图

对各样点 PC$_1$ 与 PC$_2$ 的得分作图，结果如图 3.10 所示。整体来看，除个别点外，大部分样点聚合较好，反映出各点 PAHs 污染组分差异不显著。按照前述的西部高浓度区和东部低浓度区划分来看，东部各点位聚合的最好，表明这一区域 PAHs 污染有着共同的来源。而西部区域表层沉积物在得分图上的点较分散，反映出各采样点间的污染物组成差异相对较大，与前述分析的这一地区有着复杂污染源有关。五个相对分散较大的点（B2、B3、B18、B47 和 B64）处存在明显点源污染特征。其中，散点 B47 是淀区沉积物 PAHs 污染浓度最高值处，该区域污染来源复杂；散点 B2 和 B3 是利用比值法判断的受油类排放污染影响较重的点。

3.5　沉积物中 PAHs 生态风险

生态风险分析是评价人类活动对生态系统中生物可能构成的危害，是定量研究有毒污染物生态危害的重要手段。风险商值法和概率风险分析法是目前应用比较多的两种方法。

风险商值法是将实际监测或由模型估算出的环境暴露浓度（EEC）与表征该物质危害程度的毒性数据相比较，从而计算得到风险商值（HQ）的方法，即商值法。风险商只针对于单个的化学品，不能表征多个化合物共同作用于受体时的效应大小，对于像 PAHs 这类作用位点和作用模式类似的化合物，符合独立作用模式中的剂量加和原则，因此可以将各个风险商值加起来，用得到的风险指数（Hazard index，HI）来表示累积的风险（Neff et al.，2005）或者对等效浓度进行简单加和的方法实现。而对于作用机制不同，效应无法叠加的污染物，往往权宜地取单种风险系数的最大值反映他们的共同作用。

风险商值法比较简便、快速，但得到的结果只有两种可能的回答，有潜在的风险或没有风险，这样的回答会使人误认为生态风险仅是简单的黑或白问题，因而有必要进一步用概率法来定量表征风险（Cullen，1999）。概率风险分析法通过分析暴露浓度与毒性数据的概率分布曲线，考察污染物对生物的毒害程度，从而确定污染物对于生态系统的风险。概率风险分析中最常见的方法有蒙特卡罗（Monte Carlo）方法即计算机随机模拟方法模拟具有潜在风险的 PAHs 的暴露浓度分布（Expose Concentration Distribution，ECD）和相应的物种敏感度分布（Species Sensitivity Distribution，SSD），再根据二者的比值得到风险商的分布曲线，并通过敏感性分析识别相关参数对风险商分布的贡献（Gentle，1998）；有将表征化合物暴露浓度和毒性参数的概率密度曲线置于同一坐标系下，计算其重叠部分面积，据此表征生物受不利影响的概率（Ma et al.，2000）；有用联合概率曲线即以毒性响应累积概率（横轴）和暴露浓度超过相应影响边界浓度的概率（纵轴）作图表

征特定化合物的生态风险（Wang et al., 2002）。这些方法被广泛应用于单一污染物的生态风险评价。与简单的风险商和风险指数分析相比，概率风险分析方法同时考虑生物耐受性和污染物浓度两方面的变异，可以对污染的生态风险做出整体评价，更接近真实情况。

本章首先利用实测的白洋淀湿地 85 个沉积物中 PAHs 的含量数据，依据淡水水体沉积物 PAHs 的生态基准值，应用商值法对白洋淀湿地 PAHs 生态风险进行初步分析。其后以 85 个样点沉积物中 PAHs 监测数据及其对 13～54 种水生生物的 LC_{50} 和 EC_{50} 为基础资料，应用概率密度函数重叠面积和联合概率两种概率风险分析方法评价了萘等 8 种 PAHs 及其等效总浓度对水生生态系统的危害。最后对生态风险评价的不确定性进行了分析。

3.5.1　风险商值的计算

商值法是使用最多的一种半定量风险表征法。该方法首先确定一个环境指标值（控制浓度），以保护受体系统中的特定目标。将环境中的污染物浓度与控制标准比较，如果前者超过后者，则认为有潜在风险。计算方法为

$$HQ = \frac{EEC}{TRV} \tag{3-1}$$

式中：HQ 为风险商值；EEC 为污染物环境暴露浓度（Environment Exposed Concentration，EEC）；TRV 为毒性参考值（Toxicity Reference Value，TRV）。

商值法提供了一种相对简单明了的方式来决定需要进一步详细评价的潜在化学品，可用于对筛选出的需要详细分析的潜在风险化学品进行排序。通过查找文献，共获得 8 种 PAHs 及 $\sum PAH_{16}$ 在淡水水体沉积物中的生态基准值（表 3.5），利用式（3-1）进行风险商值计算。表 3.6 列出了 85 个采样点风险商值基本统计信息。

表 3.5				淡水水体沉积物 PAHs 的生态基准值				单位：mg/kg	
PAHs	Nap	Flo	Phe	Ant	Fla	Pyr	BaA	BaP	$\sum PAH_{16}$
生态基准值	0.176	0.0774	0.0419	0.0572	0.111	0.053	0.0317	0.0319	4

表 3.6				白洋淀湿地沉积物中 PAHs 风险商值基本统计信息					
项目	Nap	Flo	Phe	Ant	Fla	Pyr	BaA	BaP	$\sum PAH_{16}$
平均值	0.45	0.65	1.88	0.37	0.56	0.923	0.93	0.85	0.15
最小值	0.09	0.17	0.52	0.17	0.19	0.38	0.48	0.68	0.08
最大值	1.41	2.46	9.74	1.2	2.29	4.59	1.35	1.44	0.43
大于 0.3 样点数/个	52	72	85	54	70	85	85	85	1
大于 1 样点数/个	7	15	63	1	8	27	22	7	0

由表 3.6 可以看出，8 种 PAHs 化合物均表现出在一些样点的风险商值大于 1。按风险商值大于 1 样点数由多到少排序依次是：Phe、Pyr、BaA、Flo、Fla、Nap、BaP 和 Ant。85 个样点 $\sum PAH_{16}$ 风险商值均小于 1。尽管只有商值大于 1 的化合物被认为具有潜在风险，但事实上，任何商值大于 0.3 的化学品都需经过更严格的风险评价（Water Environment Research Foundation，1996）。进一步分析发现，本研究中 Phe、Pyr、BaA 和

BaP 化合物在所有 85 个样点中风险商值都大于 0.3，Flo、Fla、Ant 和 Nap 也都有超过 60%的样点风险商值大于 0.3。由此保守估计白洋淀湿地沉积物中 PAHs 普遍存在风险。

3.5.2　概率风险分析法

本节根据白洋淀湿地沉积物中 PAHs 含量实测数据和文献中报道的 PAHs 对水生生物的毒性资料，运用两种概率风险评价方法进一步对上述 8 种 PAHs 对水生生态系统的危害进行分析。

对于单一污染物，根据上述数据，在同一坐标系下分别做出 EEC 和毒性数据两个概率密度曲线，计算两函数曲线重叠部分的面积，获得污染物环境暴露风险概率，即生物受污染物不利影响的比例。同时，求得联合概率曲线，比较该污染物在不同浓度区间对生物风险性的差异。

对于多种污染物，采用等效浓度的概念，根据毒性当量因子（TEF），将其他化合物的暴露浓度折算成苯并（a）芘的等效浓度（BaP$_{eq}$），加和后按照单一污染物风险分析方法进行评价。

3.5.2.1　数据获取和处理

1. PAHs 对水生生物的慢性毒性数据（NOEC）

对于 PAHs 这类持久性物质而言，NOEC 往往更重要。然而，目前关于 NOEC 的报道很少，从美国环境保护署毒性数据库（www.epa.gov/ecotox）和一些文献（Verschueren，2001）中收集到多数都是 PAHs 对水生生物（藻类、两栖动物、甲壳动物、鱼、昆虫、软体动物和蠕虫等）的急性毒性数据（LC$_{50}$ 或 EC$_{50}$），因此，选用急/慢性毒性比率（Acute-to-chronic ratios，ACR）来预测化学品相应的慢性毒性值。本研究中急/慢性毒性比率选取 100（Heger et al.，1995；Lange et al.，1998）。利用收集到的急性毒性数据（主要取 24~96h 的 LC$_{50}$ 或 EC$_{50}$），除以 100 得到 8 种 PAHs 对不同水生生物预测的 NOEC 值。表 3.7 列出了这 8 种 PAHs 对水生生物 NOEC 的统计量。

表 3.7　　　8 种 PAHs 对水生生物慢性毒性数据（NOEC）统计量　　　单位：ng/L

PAHs	Nap	Flo	Phe	Ant	Fla	Pyr	BaA	BaP
样本量	54	18	28	23	53	10	13	16
平均值	77400	29200	3700	700	20200	2500	1100	35000
最小值	5100	2120	50	19	1	26.3	53.5	50
最大值	678000	155000	14000	4000	540000	20000	3000	151000

2. 沉积物间隙水 PAHs 浓度

由于缺乏沉积物中 PAHs 对淡水水生生物的毒性数据，沉积物污染的生态风险评价主要通过模拟计算由于沉积物中污染物释放导致的对水生生物的生态风险，利用式（3-2）计算水相中 PAHs 浓度：

$$PAH_{pw} = \frac{PAHs}{K_{oc} \times f_{oc}} \qquad (3-2)$$

式中：PAH_{pw} 为沉积物间隙水中 $PAHs$ 浓度；$PAHs$ 为沉积物中 $PAHs$ 浓度；f_{oc} 为沉

积物有机碳含量；K_{oc} 为 PAHs 有机碳-水分配系数。

利用式（3-2）计算得到白洋淀湿地 85 个样点沉积物间隙水中 PAHs 的浓度。并根据毒性当量因子（TEF）（表 3.8），将 8 种 PAHs 在水相中的暴露浓度折算成 BaP 的等效浓度（BaP_{eq}），等效浓度将多种 PAHs 的危害归于统一尺度下，加和后得到各样点的等效总浓度（TEQ）。表 3.9 列出了白洋淀湿地沉积物间隙水中 8 种 PAHs 及其等效总浓度（TEQ）的相关统计量。

表 3.8　　　　　　　　　　　　基于 BaP 的 8 种 PAHs 的毒性当量因子

PAHs	TEF	PAHs	TEF
Nap	0.001	Fla	0.001
Flo	0.001	Pyr	0.001
Phe	0.001	BaA	0.1
Ant	0.01	BaP	1

表 3.9　　　　　　白洋淀湿地沉积物间隙水中 PAHs 含量基本统计信息　　　　单位：ng/L

PAHs	Nap	Flo	Phe	Ant	Fla	Pyr	BaA	BaP	TEQ
样本量	85	85	85	85	85	85	85	85	85
平均值	254.93	23.97	15.78	5.29	2.85	2.57	0.39	0.26	0.65
标准差	219.10	15.23	11.44	4.61	1.80	1.83	0.48	0.31	0.59
最小值	35.11	4.57	3.38	0.62	0.73	0.53	0.05	0.05	0.11
最大值	1249.39	119.78	84.90	32.29	13.67	13.15	3.53	2.23	4.38

3.5.2.2　数据分布检验

采用 Kolmogorov-Smirnov 法对获得的间隙水相中 PAHs 的浓度和各种水生生物毒性数据 NOEC 的对数变换值进行正态检验。结果列于表 3.10，各组数据的正态性检验值均大于 0.05，表明白洋淀湿地沉积物间隙水中 8 种 PAHs 浓度数据和对水生生物毒性数据 NOEC 的对数变换值均符合正态分布。由于部分毒性参数数据量很少（表 3.7），故直接采用对数正态分布表征全部数据。

表 3.10　　　　8 种 PAHs 暴露浓度和 NOEC 毒性数据对数变换值的分布参数　　　单位：ng/L

PAHs	Nap	Flo	Phe	Ant	Fla	Pyr	BaA	BaP	TEQ
浓度均值	5.27	3.04	2.59	1.45	0.91	0.78	−1.26	−1.64	−0.64
浓度标准差	0.72	0.53	0.56	0.62	0.50	0.55	0.72	0.70	0.62
浓度均值正态性检验 P	0.91	0.65	0.37	0.33	0.56	0.55	0.45	0.33	0.78
NOEC 平均值	10.62	9.71	7.81	5.48	6.60	5.96	5.53	8.28	8.28
NOEC 标准差	1.06	1.11	1.20	1.63	2.04	1.97	2.17	3.09	3.09
NOEC 均值正态性检验 P	0.34	0.97	0.18	0.95	0.06	1.00	0.90	0.44	0.44

从表 3.10 中数据可知，白洋淀湿地沉积物间隙水中 Nap 的浓度最高，BaP 浓度最低；水生生物对 Ant 最敏感，对 Nap 耐受性最强。同时也可以看出，虽然白洋淀湿地沉

积物间隙水中 Nap、Flo 和 Phe 浓度相对较高，但由于三者 TEF 值较低，即在 BaP$_{eq}$中所占比重较低，故 8 种 PAHs 的等效总浓度（TEQ）较低。就暴露浓度和 NOEC 浓度差别而言，NOEC 浓度总体上远高于环境中的暴露浓度，其中 Ant 的差别最小，BaP 的差别最大。尽管如此，这些污染物对水生生物仍然具有概率意义上的毒性。

3.5.2.3　PAHs 生态风险分析

根据表 3.10 中列出的均值和标准差，构造出相应参数的概率密度曲线。将每种 PAHs 暴露浓度和毒性数据概率密度曲线置于同一坐标系下，两曲线重叠部分的面积表述了生物受不利影响的概率。图 3.11 给出了白洋淀湿地 8 种 PAHs 和 TEQ 的暴露浓度和毒性数据的概率密度曲线。应用 Matable 计算曲线重叠部分的面积，计算结果列于表 3.11。

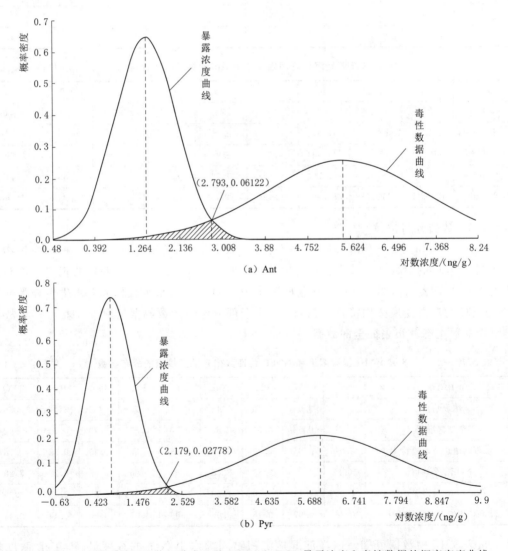

图 3.11（一）　白洋淀沉积物间隙水 8 种 PAHs 和 TEQ 暴露浓度和毒性数据的概率密度曲线

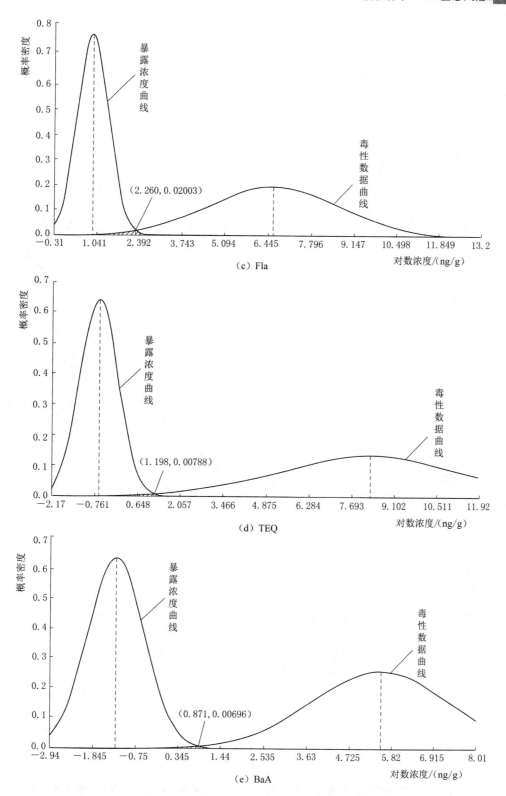

图 3.11（二） 白洋淀沉积物间隙水 8 种 PAHs 和 TEQ 暴露浓度和毒性数据的概率密度曲线

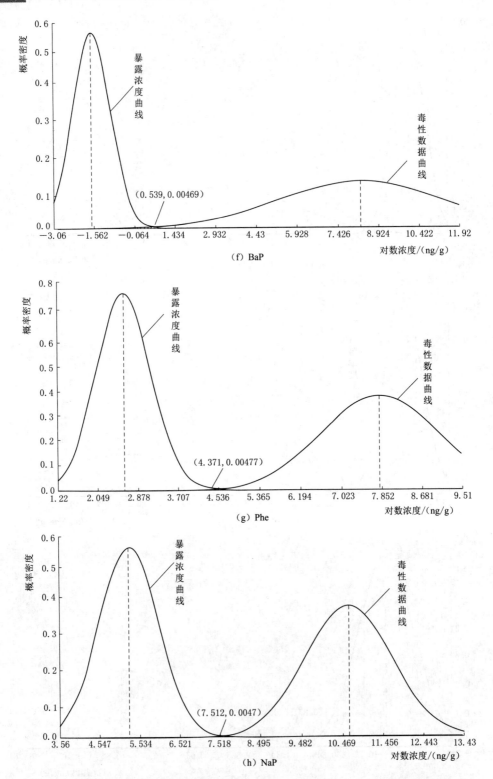

图 3.11（三）　白洋淀沉积物间隙水 8 种 PAHs 和 TEQ 暴露浓度和毒性数据的概率密度曲线

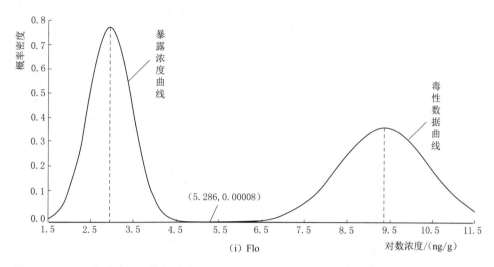

图 3.11（四）　白洋淀沉积物间隙水 8 种 PAHs 和 TEQ 暴露浓度和毒性数据的概率密度曲线

表 3.11　白洋淀湿地沉积物间隙水 PAHs 浓度分布与对水生生物毒性分布的重叠面积

PAHs	Ant	Pyr	Fla	TEQ	BaA	BaP	Phe	Nap	Flo
重叠面积	6.02×10^{-2}	2.68×10^{-2}	1.90×10^{-2}	1.05×10^{-2}	5.81×10^{-3}	5.79×10^{-3}	2.57×10^{-3}	2.52×10^{-3}	0.3×10^{-4}

表 3.11 中由左至右按 PAHs 化合物对水生生物造成风险大小的顺序排列。可以看出，白洋淀湿地 8 种 PAHs 造成的风险都比较小。潜在危害相对较大的 3 种 PAHs 为暴露浓度与 NOEC 浓度差别较小的 Ant、Pyr 和 Fla。8 种 PAHs 联合作用的总生态风险危害处于第 4 位。

根据表 3.10 中列出的均值和标准差，构造出相应参数的概率密度曲线和累计概率曲线。以 NOEC 的累积概率为横轴，以污染物暴露浓度的反累积概率为纵轴作图，可以得到联合概率曲线，借此更直观地反映各化合物毒性。在前述分析的基础上，图 3.12 给出了白洋淀湿地两种典型 PAHs 化合物 Ant 和 Nap 以及等效总浓度 TEQ 的联合概率曲线。

联合概率曲线的位置反映了污染物生态风险的大小。曲线越靠近坐标轴，风险越小。从 Nap、Ant 和 TEQ 的联合概率曲线可以看出（图 3.12），三条联合曲线相对于坐标轴的距离差异较为明显，Nap 和 TEQ 的联合曲线更贴近于坐标轴，相比而言，TEQ 的生态风险大于 Nap。而 Ant 的联合概率曲线则离坐标轴较远，表明生态风险较大。由于各种 PAHs 在水体中的暴露浓度均较小，所以生态风险主要取决于各自的毒性数据。比如 Nap 的浓度相对较高，但由于其毒性较弱，毒性风险低于多数其他化合物。而 Ant 的相对高风险主要与其相对较强的毒性有关，其他毒性较强的化合物由于暴露浓度很小而造成的风险也较低。

3.5.3　不确定性分析

在进行生态风险评价过程中，评价数据的获取和评价方法的选择都会造成风险评价的不确定性。其中，评价数据带来的不确定性主要包括暴露浓度的定量测定、毒性数据的来

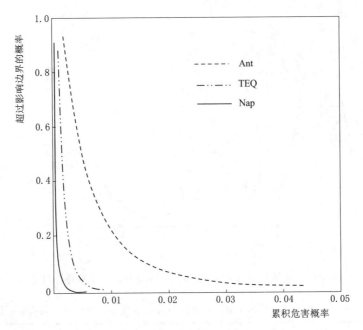

图 3.12　白洋淀沉积物间隙水中 Ant、TEQ 和
Nap 对水生生物毒性的联合概率曲线

源。本书通过对沉积物间隙水浓度的计算来表征沉积物对水生生物的风险，间隙水暴露浓度计算中的 K_{oc} 数据借鉴了其他研究成果。此外，研究中采用了 NOEC，但该数据是由急性数据应用 ACR 转化所得。同时收集到的各化合物毒性数据有限。这些因素在一定程度上都可能造成风险评价的不确定性。

　　评价方法本身的缺陷也会造成风险评价的不确定性。风险商值法使用较为简便，但其忽视了环境中污染物浓度的不同以及对不同生物危害的差别（杨宇等，2004），而且风险商值仅可表示污染物对生物有无危害以及危害的相对大小，并不能得出生物受到危害的具体风险概率。利用概率密度函数重叠面积来表征污染物的生态风险较为直观，可以直接用数值准确反映出风险的大小，但该值的概率意义并不确切。对于联合概率曲线法而言，由于不同物种在生态系统中的重要性有所差别，所以受污染物影响的物种比例并不能够准确代表污染物对于生态系统结构和功能的危害程度（智昕等，2008）。本书采用了目前应用较为广泛的商值法、概率密度函数重叠面积和联合概率曲线 3 种风险表征方法，分别对白洋淀湿地沉积物 PAHs 生态风险进行了评价。在一定程度上有效地降低了风险评价的不确定性。

　　风险表征方法的不确定性分析表明，在对白洋淀湿地 PAHs 进行风险评价时，商值法使用最为简便，但由于该法基于点估计，故只可用于前期的风险评价；运用 EEC 和毒性数据分布的概率分析方法评价结果准确可靠，且有利于风险管理，更适于白洋淀湿地 PAHs 的风险表征。

第4章

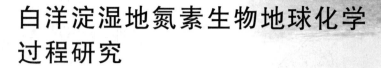

白洋淀湿地氮素生物地球化学过程研究

白洋淀湿地是我国众多湿地中的一个小型湿地，在调节当地气候、维持京津冀地区生态平衡、保护生物物种多样性、缓洪滞洪、水体净化等多方面具有重要作用。然而，近几十年以来，随着气候的变化、社会经济的发展和人类活动范围的扩大，白洋淀湿地及其周边的环境发生了巨大变化，导致湿地及其所承载的生态环境不断恶化，湿地面积不断萎缩，干淀情况频频发生，生态系统健康状况岌岌可危。因此，选取白洋淀湿地作为研究区域进行氮素生物地球化学过程研究，对评价白洋淀湿地生态系统健康与环境治理具有重要意义。

4.1　湿地中的氮循环

氮循环涉及生态系统及生物圈研究的所有领域。自然界中氮素以3种形式存在，即有机态氮、无机态氮（铵盐、硝酸盐和亚硝酸盐）及分子态氮（空气中大约79%是N_2）。所谓氮循环就是指N_2、无机氮化合物、有机氮化合物在自然界中相互转化过程的总称。湿地是陆地生态系统向水生生态系统过渡的地带，其生态系统中氮素的循环过程基本包含了陆生和水生生态系统的所有特点。

在一个理想封闭的陆地生态系统中（图4.1），系统内的动植物残体和根系的分泌物等有机氮进入系统，首先由氨化微生物群将有机物质进行分解，释放/吸收氮素及其他养分；然后通过硝化微生物群将氨氧化成硝态氮（$NO_3^- —N$），$NO_3^- —N$淋移至还原层土壤，再由反硝化微生物群重新将其还原成N_2和N_2O，进而释放到大气中。而以氮肥形态进入系统的无机氮以及系统中固氮微生物所固定的大气中的氮，经过植物吸收利用和微生物作用，而后又进入下一轮循环。与此同时，这一过程还包括其他物理吸附、解吸和化学转化过程，但主要为微生物作用。由众多微生物构成的功能微生物群是整个氮循环的动力来源和能量泵。

湿地生态系统中氮的循环是一个极为复杂的过程，其示意图见图4.2。在考虑湖泊氮的动态平衡时，含氮化合物主要通过湖泊的支流、地下水、湖面上的降水以及湖内的固氮作用等途径进入湖泊；各种进入水体的氮负荷，能够通过发生在沉积物—水界面的吸附沉积、矿化（氨化）、硝化和反硝化等一系列复杂的生物地球化学作用分布在沉积物、孔隙

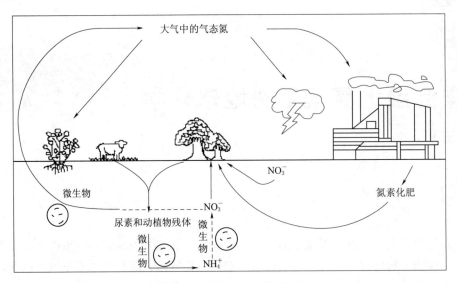

图 4.1　陆地生态系统氮循环示意图

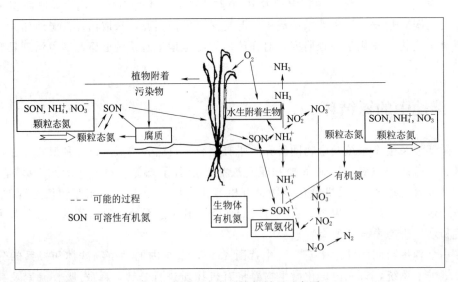

图 4.2　湿地生态系统氮循环示意图

水和上覆水中,其中一部分氮被还原为 N_2O 和 N_2 进入大气,从而退出水生生态系统的循环;进入沉积物中的氮则在微生物的作用下通过矿化作用、氨化作用、硝化作用、反硝化作用以及动植物的摄取再次进入水体。

4.1.1　湿地氮的输入

4.1.1.1　固氮作用

湿地生态系统中生物固氮的速率通常取决于淡水环境的营养水平,有研究表明在低营养水平、中营养水平和高营养水平的湖泊中,生物固氮速率分别为:小于 0.02mmol N/$(m^2 \cdot a)$,0.9~6.7mmol N/$(m^2 \cdot a)$ 和 14.3~656.9mmol N/$(m^2 \cdot a)$。湖泊生物固氮作用与藻类（蓝绿藻）的数量密切相关，通常来说，湖泊中固氮作用的优势种群为藻类而并非细菌。全球生物的固氮量是巨大的，至少达 $2×10^{13}$ g/a。其中，原核生物的固氮作用对于氮素输入及古环境生态的改善均具有重要意义，在生物进化和地表环境演化过程中也发挥了重要的作用（Falkowski，1997；Kasting et al.，2001）。

4.1.1.2 其他形式的氮输入

除生物固氮外，还有许多其他形式的氮输入，如大气的干湿沉降、地下水、农业施肥等面源输入及地表径流、工业废水、生活污水等点源的输入。其中，农业氮肥的大量施用已经成为氮输入的主要方式之一。这些工业化肥施用到土壤后，除少部分（28%～41%）被作物吸收利用外，大部分（30%～70%）经地下水参与到土壤的生物地球化学循环中。同时，各种形式的燃烧活动也使得大气的沉降量增加，从而增加了氮的输入。

氮输入方式的改变，使原有的生物地球化学循环平衡遭到破坏，水体环境逐渐恶化。如农业氮肥的大量施用，造成地下水的氮素污染，而地下水与地表水通过发生交换作用，使得地下水中高含量的无机氮进入湖泊、河流等环境体系中，使这些体系的水体发生富营养化现象。

4.1.2 湿地氮的转化

4.1.2.1 同化作用

植物和微生物将同化的硝酸盐、亚硝酸盐和氨等氮化合物转化成氨基酸、核酸和蛋白质等有机氮化合物的过程称为氨的同化作用。氨同化作用的第一步是植物和微生物经过亚硝酸途径将硝酸盐还原成氨，这种过程称为硝酸还原作用；硝酸还原所形成的氨，再通过谷氨酸脱氢酶的活动与碳代谢的中间产物 α—酮戊二酸共同形成谷氨酸，从而发生进一步同化，在此过程中形成的谷氨酸是合成其他氨基酸和蛋白质的关键物质。氮素的微生物吸收同化作用对水体的自净功能具有重要的意义，因此，细菌的数量对水环境中的氮循环有着很大的影响。

4.1.2.2 氨化作用

含氮有机物经微生物分解产生氨的过程，即氨化作用。氨化作用在氮循环中同样发挥着十分重要的作用。环境中的大分子含氮有机物要先经过微生物的氨化作用才能分解为小分子氮化合物，进入氮素循环过程。特别是在农业生产上，施入土壤中的各种动植物残体和有机肥料（包括绿肥、堆肥和厩肥等富含含氮有机物），它们需要通过各类微生物作用，尤其要先通过氨化作用才能成为植物能吸收利用的氮素养料。

4.1.2.3 硝化作用

硝化作用是整个氮素循环的关键作用之一，在通气良好的条件下，土壤中的铵态氮（NH_4^+—N）被硝化细菌作用而氧化成硝酸，在硝化细菌的作用下使土壤中的铵转化成硝酸盐的过程，即硝化作用。亚硝酸菌和硝酸菌统称为硝化细菌。土壤中的 NH_4^+—N 一般通过两个阶段的过程转化成硝酸盐，首先由亚硝酸菌将 NH_4^+—N 转变成亚硝酸盐，接着由硝酸菌将亚硝酸盐转变成硝酸盐。

NH_4^+—N 的氧化作用是硝化作用的第一步，也可以说是整个硝化作用速率的决定步骤（Stephen et al.，1998），这个过程主要是由自养及异养性的亚硝酸菌来完成。自养性的亚硝酸菌在传统分类上都属于革兰氏阴性菌种，归类为硝化细菌科（Nitrobacteraceae）。自养性的亚硝酸菌主要通过 NH_4^+—N 的氧化作用获得其生长所需的能量，所以成为硝化作用中 NH_4^+—N 氧化作用的主要工作者。除了自养性的亚硝酸菌，有些异养性的细菌或真菌也具有硝化作用的能力。不同于自养性菌种的是，异养性的亚硝酸菌多半不能从 NH_4^+—N 的氧化作用中获得生长所需要的能量，其异养性硝化作用往往是通过该菌种的内生代谢或二次代谢作用所产生的（Prosser，1989）。因此，异养性的亚硝酸菌在定义上较为广泛，指可以氧化一些还原态的有机或无机氨氮的菌种（Kuenen et al.，1994）。自 1894 年发现异株真菌类可以进行异养性硝化作用后，相关研究陆续发现许多真菌（如 *Aspergillus* 属）及细菌（如 *Alcaligenes* 属、*Arthrobacter* 属）皆可以进行异养性硝化作用（Prosser，1989）。相对于自养性硝化菌而言，异养性菌种虽有较低的分解效率，但在环境中的数量上往往远大于自养性菌，因此在某些环境中异养性硝化作用的贡献可以与自养菌相当。

4.1.3　湿地氮的输出（反硝化作用）

硝酸盐在缺氧条件下被反硝化细菌作用还原成 NO、N_2O、N_2 而挥发，这种由 NO_3^-—N 还原成气态氮的反应叫做反硝化作用。反硝化作用与固氮作用自然地保持某种程度的平衡，反硝化作用的进行，保证了自然界氮的平衡及氮循环的正常进行，使大气中氮的含量保持稳定（约 78%）。

反硝化作用有两种情况：生物反硝化作用和化学反硝化作用。生物反硝化作用是指在缺氧条件下反硝化细菌以 NO_3^-—N 为最终的受氢体，产生亚硝酸和游离氮素，其过程为

$$HNO_3 \rightarrow HNO_2 \rightarrow NO \rightarrow N_2O \rightarrow N_2$$

化学反硝化作用是指土壤中的含氮化合物通过纯化学反应而生成气态氮的过程。一般包括以下几种情况：

（1）亚硝酸在酸性条件下分解后产生 NO 气体。

（2）由于亚硝酸和氮（或尿素）之间的反应而产生 N_2。

（3）亚硝酸和 α 氨基酸由 Van Slyke 反应而产生 N_2。

（4）亚硝酸和还原性有机物之间的反应，产生挥发性气体。

目前研究认为，气态氮素损失的基本原因是反硝化微生物和硝化微生物的作用，即缺氧条件下的生物反硝化是自然环境中氮素损失的主要机制，而化学反硝化机制不占重要地位（Focht et al.，1977）。

反硝化细菌在缺氧的条件下，可以利用 NO_3^- 中的氧进行呼吸，使硝酸盐还原为氨，完成 NO_3^-—N 向气态氮的转化。反硝化细菌主要包括施氏假单胞菌（*Pseudomonas stutzeri*）、脱氮假单胞菌（*Ps. Denitrificans*）、荧光假单胞菌（*Ps. Fluorescens*）、色杆菌属的紫色杆菌（*Chromobacterium violaceum*）、脱氮色杆菌（*Chrom. denitrificans*）等（Focht et al.，1977）。虽然反硝化细菌可以利用 NO_3^- 中的氧进行呼吸，但反硝化细菌体内的某些酶组分，只有在有氧条件下才能够合成。因此，反硝化作用易于厌氧、好氧交替变化的条件下进行。大多数的自然湿地在夏末秋初的季节都会改变氧化—还原界面的高度，为反硝化作用的进行创造一个更加适宜的环境。

反硝化作用过程可以生成 N_2O （Dore et al.，1998；Hall et al.，1999），是大气 N_2O 形成的主要机制。N_2O 是一种温室气体，它的增温效应在于它能吸收红外波段的能量（Yung et al.，1976）和减少地表热辐射的向外扩散，其单个分子的温室效应潜力是 CO_2 单个分子的 310 倍（IPCC，1996），且其寿命也是已知温室气体中最长的，大约为 150 年。N_2O 在对流层中相当稳定，唯一的清除机制是通过平流层光解，即进入平流层后，N_2O 被分解为 N_2 和 NO，但 NO 会造成臭氧层空洞的出现及酸雨的发生（王少彬，1994）。有研究报道，N_2O 增加一倍将会导致全球气温升高 $0.44℃$，臭氧减少 10%，紫外线向地球的辐射增加 20%（Crutzen et al.，1977）。然而，N_2O 在大气中的含量却以每年 0.25% 的速率增长（IPCC，2001），对环境造成了严重影响。

湿地是温室气体 N_2O 的源、汇或转换器，在强还原条件下湿地淹水土壤充当着 N_2O 的汇。有研究表明，湿地的 N_2O 排放速率较高，陆地上至少有一半反硝化现象发生在湿地。Schiller 等（1994）发现，加拿大哈德逊湾湿地 N_2O 的排放量占气体排放总量的比例高达 80%。同时，一些学者发现硝化细菌也参与反硝化过程，并能产生可观的 N_2O（Webster et al.，1996）；Bremner 等（1978）认为，NH_4^+—N 的硝化过程可以产生 N_2O；Wrage（2001）认为硝化细菌的反硝化过程是硝化作用的一个特殊环节。因此，湿地氮循环中 N_2O 的产生过程逐渐受到广大学者的关注。

4.1.4 影响湿地氮素循环的环境因素

硝化和反硝化作用是氮素循环的关键过程，主要为微生物学过程，凡是对微生物活动有影响的因素对硝化和反硝化作用均有影响，其中主要的影响因素包括温度、水分、有效碳及氮的供应等（Robertson，1989）。

4.1.4.1 温度

温度对硝化作用有较大的影响。Mahendrappa 等发现，美国北部土壤硝化作用的最适温度为 $20℃$ 和 $25℃$，而南部的土壤则为 $35℃$（Mahendrappa et al.，1966），这表明不同温度带土壤中的硝化菌对温度的要求是不同的。Breuer 等（2002）的研究表明，澳大利亚热带雨林生态系统中，土壤硝化作用和温度存在显著的相关性，土壤温度每升高 $1℃$，NH_4^+—N 平均增高 $1.17mg/(m^2 \cdot h)$。Ingwersen 等（1999）在对温带云杉林森林生态系统的研究中报道，在 $5 \sim 25℃$ 土壤硝化速率随温度升高而显著增加。

虽然反硝化作用在较宽的温度范围（$5 \sim 70℃$）内进行，但温度过高或过低都是不利的。Keeney（1979）的研究表明，反硝化作用在 $60 \sim 70℃$ 以上时即受到抑制；同时，Ryden（1983）的研究结果显示，在土壤含水量和 NO_3^-—N 含量相当的条件下，土壤温度从 $5℃$ 增加到 $10℃$，土壤的反硝化速率从 $0.02kg \ N/(hm^2 \cdot d)$ 增加到 $0.11kg \ N/(hm^2 \cdot d)$；另外，Pfenning（1997）发现在湿地底质中，$22℃$ 时的反硝化速率是 $4℃$ 条件下的 4 倍。

4.1.4.2 水分

水除了是许多生物学过程所必需的重要成分外，还有传输和稀释营养元素的作用。由于自养硝化是在好氧条件下进行的，因此水分对土壤硝化作用的影响与 O_2 的含量紧密相关。在一定的范围内水分含量的增加将促进硝化作用的进行。一般在田间最大持水量的 $50\% \sim 60\%$ 时，土壤中的硝化作用最为旺盛。另外，当土壤水分含量为田间持水量的

65%时，其硝化速率明显高于田间持水量 30%时的硝化速率。

Ingwersen 等（1999）研究显示，在 15℃条件下，土壤无机质层在体积水分含量达到 52%时硝化速率最大；土壤有机质层中体积水分含量在 42%～43.5%时硝化速率达到最大。Breuer 等（2002）研究报道与 Ingwersen 等的研究结果不尽相同，其研究结果表明，随着水分含量的增加硝化速率明显降低，他们认为这可能是由于水分的增加促进了厌氧条件的形成所致。

反硝化作用是一个在缺氧条件下进行的微生物学过程，因而受到土壤水分和通气状况的制约。氧含量能影响反硝化过程中还原酶的活性，水分含量则通过影响土壤的通气状况和土壤中的氧分压，进而影响到反硝化作用。Rolston（1982）等用乙炔抑制的方法测定了不同灌水条件下旱地土壤中的反硝化损失，反硝化作用产生的气体量（N_2O+N_2）随着每周灌水次数的增多而增加。Weier（1993）等研究了土壤含水孔隙率（Water-Filled Pore Space，WFPS）对反硝化的影响，结果表明，当 WFPS 数值增高时，两种土壤的反硝化速率都显著增大；当 WFPS 从 60%增加到 90%时，砂土和壤土的反硝化速率分别增加了 6 倍和 14 倍，说明 WFPS 对壤土中反硝化速率的影响程度明显大于砂土。另外，降雨也会产生类似的影响，Ryden（1983）研究了降雨后田间土壤含水量的变化及其对反硝化的影响，结果表明，当含水量小于 20%（体积含水量）时，反硝化速率仅为 0.05kg N/(hm² · d)；当土壤含水量大于 20%（体积含水量）时，反硝化速率超过 0.2kg N/(hm² · d)；含水量超过 30%（体积含水量）时，反硝化速率高达 2.0kg N/(hm² · d)。

4.1.4.3　土壤硝酸盐浓度

反硝化作用的发生，首先必须有足够的源，包括来自外源的硝酸盐氮和系统内部自身硝化过程产生的硝酸盐氮。在许多自然湿地中，厌氧区域的硝酸盐浓度是反硝化作用的控制因子（Reddy et al., 1984），硝酸盐含量的升高有助于反硝化作用的进行，Smith 等（1983）通过实验对此进行了证实；Teranes 等（2000）研究表明，随着厌氧环境范围的扩大以及硝酸盐含量的升高，反硝化作用的速率也将增大。

4.1.4.4　土壤有机质含量

Burford（1975）发现，反硝化速率与土壤和水体中溶解碳的浓度有非常好的相关性，湿地中反硝化速率与有机质的矿化速率呈显著正相关，已经有大量的研究表明，溶解性有机碳是反硝化作用的主要控制因子之一。Groffman 等（1997）也证实了营养丰富的湿地土壤的反硝化作用强于较贫瘠的湿地土壤。

4.1.4.5　土壤氧化还原电位

氮的迁移过程与氧化还原电位之间存在着密切的关系。当湿地底质中既有厌氧区域又有好氧区域存在时，氮的反硝化速率比单一的厌氧或好氧条件高。研究已经表明在长期的厌氧条件下氮素基本不发生损失；且在持续的好氧条件下，仅损失 7%；干湿交替、好氧厌氧条件经常变化的地带才会提供最优的反硝化条件。大部分自然湿地正是具有这种干湿交替变化的地区，多雨期湖水上涨，大量的好氧区域变成了厌氧区域，而在干旱期，又发生了相反的变化，这种干湿交替过程在湿地生物地球化学和湿地水质净化功能维持方面都发挥着重要的作用。

此外，Shingo 等（2000）还发现滨海沼泽湿地中排放的 N_2O 的浓度变化与水体的 pH 值和 DO 的浓度相关。DO 浓度变化是直接影响湿地 N_2O/N_2 产量和比值的关键因素。还有研究表明有植被覆盖的人工湿地因反硝化作用而转移的氮素约占其转移总量的 90%（Xue et al.，1999）。

4.2 研究区概况与研究方法

4.2.1 实验区的选择与概况

在分析了大量的背景资料和野外调查结果的基础上，根据白洋淀污水入淀方向，兼顾采样的可行性和代表性，在安新桥、小杨家淀、王家寨和郭里口选择了四个具有代表性的实验区作为本书的研究区，如图 4.3 所示。

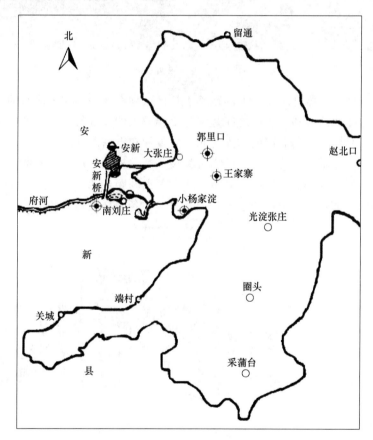

图 4.3　实验区示意图

四个实验区的共同特点是湖面较宽，约 200m；湖底有 20～30cm 的软泥层；水位变幅区明显，约 10～20m；植被发育相对较好，都以芦苇为主；陆地区面积适中且人为破坏较少（图 4.4）。

根据 Wetzel（2001）的分类方法，将各实验区分为三个亚区（采样区），其中，陆地

图 4.4　实验区实景图

区是指完全位于湖泊水体高水位之上的芦苇生长区；湖心区是指完全淹水的区域，无大型水生植物生长；在陆地区和湖心区之间是水位变幅较大的湖滨带，该区的水生植物以挺水植物芦苇为主。采样点自湖心区向陆地区布点，具体布点情况如图 4.5 所示。由于采样在船上操作，为减少对水体的扰动，在湖心区只设一个采样点；湖滨带和陆地区分别设两个和三个采样点，X1～X2 点间距离为 15m，其余各点间距约为 5m。若无特殊说明，在以下研究中出现的湖滨带和陆地区的数值均为其亚区中各采样点数值的平均值。

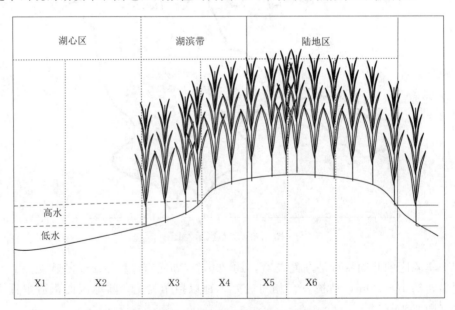

图 4.5　采样点分布示意图

4.2.2 研究内容与方法

4.2.2.1 研究内容

本次研究涉及水样、沉积物/土壤样、植物样和微生物样等多种类型样品的分析，其中水样的检测项目包括 DO、pH、Eh、水温、COD_{Mn}、TN、TP、$NO_3^- —N$、$NH_4^+ —N$、$NO_2^- —N$ 等；沉积物/土壤样的检测项目包括土壤温度、土壤含水率、有机质含量、全氮含量和全磷含量等；植物样的测定包括生物量和全氮含量；微生物样的测定包括细菌总数、硝化细菌数量、亚硝化细菌数量、反硝化细菌数量和硝化、反硝化强度等。

4.2.2.2 样品采集方法

（1）上覆水样。本次研究采用有机玻璃管采集表层（0～10cm）完整水柱混合样，将样品装入洗涤干净的 500mL 聚乙烯样品瓶中，并暂时放入含有冰袋的保温箱中进行保存。

（2）沉积物孔隙水样。通过对采集的新鲜分层沉积物在 4000r/min 的转速下离心10min 获得沉积物孔隙水，其上清液由过 $0.45\mu m$ 醋酸纤维微孔滤膜获得，并将其置于玻璃瓶中冷藏保存。

（3）沉积物/土壤样。采用两种方法采集沉积物/土壤样，第一种采用柱状采样器采集完整软泥层沉积物样品，然后静置 10min，虹吸去除上覆水，从表层到底层，按 2cm 间隔切割获得分层泥样；第二种是采集岸上无水区的表层（0～10cm）土壤样品。每点随机采集 3 个样品，分别测定后取平均值为该采样点样品值。所有样品装入聚乙烯的保鲜袋中，暂存于便携保温箱中冷藏保存。

（4）植物样。在白洋淀湖泊湿地采集气样的芦苇区，随机选取 0.5m×0.5m 样方 3 个，将样方内植物贴地面割下，分别装入采集袋内密封，带回实验室立即处理。先将每个样方内的芦苇与其他植物分开，测定单位面积内芦苇的株数和平均高度；然后将芦苇剪成小段，测定其鲜重；最后将样品在 80℃烘箱中烘至恒重，称量其干重，之后保存用于测定全氮含量。

4.2.2.3 样品分析方法

（1）水样分析。为保证数据可对比性，研究中水样分析尽量选用标准方法（《水和废水监测分析方法》，2002），主要方法见表 4.1。

表 4.1　　　　　　　　水样分析项目和测定方法

项　目	测　定　方　法	备　注
水温	便携式多参数测定仪	GB 13195—1991
DO	便携式多参数测定仪（膜电极法）	HJ 506—2009
pH	便携式多参数测定仪（玻璃电极法）	GB 6920—1986
COD_{Mn}	高锰酸钾法	GB 11892—89
$NH_4^+ —N$	纳氏试剂光度法	HJ 536—2009
$NO_3^- —N$	紫外分光光度法	HJ/T 346—2007
$NO_2^- —N$	N-（1-萘基）-乙二胺光度法	GB 7493—87
TN	碱性过硫酸钾氧化-紫外分光光度法	HJ 636—2012
有机氮	全氮与三种无机氮之差	

（2）沉积物/土壤分析（鲍士旦，2000）。沉积物/土壤的分析项目和测定方法见表 4.2。

表 4.2　　　　　　　　　　　　沉积物/土壤的分析项目和测定方法

项目	测定方法	备　　注
有机质	重铬酸钾容量法	样品自然风干或采用 60℃烘干，烘干样品去除石子和动、植物残体等物质后，研磨过 100 目筛备用
全氮	半微量开氏法	
全磷	$HClO_4 - H_2SO_4$ 法	
土壤温度	曲管地温计测量法	GB 7839—1987
土壤含水率	质量差量法	新鲜土样水分测定
硝化强度	外加培养液培养法	新鲜土样测定
反硝化强度	外加培养液培养法	
微生物数量	平板计数或最大或约数法	

（3）植物样品分析（鲍士旦，2000）。将采集的芦苇剪成小段，测定其鲜重；再将样品在 80℃烘箱中烘至恒重，称量其干重。将 3 个样方中芦苇的鲜重和干重分别平均得到每平方米面积上芦苇的鲜重量和干重量。

将烘干的植物样品研磨测定其全氮含量，参考"包括 $NO_3^- - N$ 的样品的全氮测定"方法（水杨酸-锌粉还原法）进行测定。

（4）微生物数量测定。在湿地氮素循环中多种微生物参与其中，但硝化作用和反硝化作用主要由细菌完成，因此本研究对白洋淀湖泊湿地中细菌总数、硝化细菌、亚硝化细菌和反硝化细菌数量进行测定，以期分析其与氮循环的关系，具体方法见表 4.3（中国科学院林业土壤研究所微生物室，1960）。

（5）硝化速率及强度测定方法（王晓娟等，2006）。新鲜沉积物/土壤样品中加入含氨氮培养液，经短时间振荡防止厌氧环境的出现以抑制反硝化过程，氨氮被氧化为硝氮，测定溶液中硝酸盐氮的产生量，用以表征沉积物/土壤硝化作用的强度。培养液按 0.2mol/L KH_2PO_4 ∶ 0.2mol/L K_2HPO_4 ∶ 0.05mol/L $(NH_4)_2SO_4 = 1∶2.33∶10$ 的比例配制，混匀并用 NaOH 稀溶液调节 pH 至 7.2。

准确称取 100g 沉积物/土壤置于 250mL 三角瓶中，加入 100mL 培养液，用脱脂棉塞住瓶口，于 25℃恒温振荡 24h，其中每 2h 取样 1 次，样品过滤后测定硝酸盐氮浓度，每次取样后用同一培养液及时补足。硝化强度计算公式为

$$w_1 = (c_2 - c_1)(V_1 + V_2)/(tmk) \tag{4-1}$$

式中：w_1 为单位时间内单位重量的样品所产生的硝酸盐氮量，mg/(g·h)；c_1 为初始溶液中硝酸盐氮浓度，mg/L；c_2 为 24h 后溶液中硝酸盐氮浓度，mg/L；t 为培养时间，h；V_1 为培养液体积，0.100L；V_2 为样品中水分体积，L；m 为样品质量，g；k 为水分系数。

（6）反硝化速率及强度测定方法。由于有机碳源对反硝化作用的显著影响，测定时使用 3 种不同碳源量的反硝化培养液，各种培养液的组分如下：不加碳源的培养液为 100mg/L（$NO_3^- - N$）；加 3 倍碳源的培养液为 100mg/L（$NO_3^- - N$）+300mg/L 葡萄

表 4.3　　　　　　　　　　　　细菌数量测定方法一览表

	细菌总数	硝化细菌		亚硝化细菌		反硝化细菌	
方法	平板稀释法	最大可能数值法（MPN 法）					
稀释梯度		$10^{-2} \sim 10^{-7}$					
培养基	营养琼脂（45g/L）	NaNO$_2$	1.00g	(NH$_4$)$_2$SO$_4$	2.00g	酒石酸钾钠	
		MnSO$_4 \cdot 4$H$_2$O	0.01g	MnSO$_4 \cdot 4$H$_2$O	0.01g	K$_2$HPO$_4$	20.0g
		MgSO$_4 \cdot 7$H$_2$O	0.03g	MgSO$_4 \cdot 7$H$_2$O	0.03g	KNO$_3$	0.5g
		NaH$_2$PO$_4$	0.25g	NaH$_2$PO$_4$	0.25g	MgSO$_4 \cdot 7$H$_2$O	2.0g
		K$_2$HPO$_4$	0.75g	K$_2$HPO$_4$	0.75g	蒸馏水	0.2g
		Na$_2$CO$_3$	1.00g	CaCO$_3$	5.00g		1000mL
		蒸馏水	1000mL	蒸馏水	1000mL		
培养温度	37℃	25～28℃					
培养时间	1 天	14 天					
检测方法	计数法	取培养液 5 滴于白瓷板上，加入格里斯试剂Ⅰ和Ⅱ各 2 滴，检查培养基中 NO$_2^-$ 的消失情况，如不呈现红色，则表示 NO$_2^-$ 已完全消失；再另取 5 滴培养基于白瓷板上，加 2 滴二苯胺试剂，如呈蓝色，则表示亚硝酸盐已被氧化为硝酸盐，说明有硝化细菌存在		取培养液 5 滴于白瓷板上，加入格里斯试剂Ⅰ和Ⅱ各 2 滴，如有亚硝酸存在，则呈红色		取 5 滴培养液于白瓷板上，加 2 滴二苯胺试剂，检查培养基中 NO$_3^-$ 的消失情况，如不呈蓝色，则表示 NO$_3^-$ 已完全消失；再另取 5 滴培养液于白瓷板上，加入格里斯试剂Ⅰ和Ⅱ各 2 滴，如有亚硝酸存在，则呈红色；再取 5 滴培养液加入纳氏试剂，如有 NH$_4^+$ 生成则呈黄色或褐色沉淀	

注　每个稀释梯度做 3 个平行；每种培养基均做空白。

糖；加 5 倍碳源的培养液为 100mg/L（NO$_3^-$—N）＋500mg/L 葡萄糖。

准确称取 20g 沉积物/土壤置于 100mL 有盖血清瓶中，加入 100mL 培养液，盖紧瓶口，放入密闭纸盒中，于 25℃恒温静置培养 24h，其中每 2h 取样 1 次，样品过滤后测定硝酸盐氮浓度，每次取样后用同一培养液及时补足。硝化强度计算公式为

$$w_2 = (c_2 - c_1)(V_1 + V_2)/(tmk) \qquad (4-2)$$

式中：w_2 为单位时间内单位重量的样品所减少的硝酸盐氮量，mg/(g·h)；c_1 为初始溶液中硝酸盐氮浓度，mg/L；c_2 为 24h 后溶液中硝酸盐氮浓度，mg/L；t 为培养时间，h；V_1 为培养液体积，0.100L；V_2 为样品中水分体积，L；m 为样品质量，g；k 为水分系数。

4.2.2.4　统计方法

本书采用 Kolmogorov - Smirnov 方法检验各变量的正态分布，如不服从正态分布，则通过自然对数转换使之标准化。采用方差分析检验正态分布或标准化后的变量之间的差异性，如对数转换无法实现标准化，则用非参数方法（Mann - Whitney U 和 Kruskal -

Wallis Post Hoc tests）比较变量的差异。分别采用 Pearson 和 Spearman 方法检验正态分布的变量之间和非正态分布环境变量之间的相关性。除特殊声明，所有分析方法的置信度都为 95%。对所有残差进行独立性、一致性和正态分布性的检验。一些特殊的分析方法在各章具体阐述。所有分析均是通过 Excel 和 SPSS 软件完成。

4.3 白洋淀湖泊湿地环境因子特征研究

湿地是陆生生态系统和水生生态系统之间的过渡带，结合了陆地生态系统和水生生态系统的属性，它既不像陆生系统那样干燥，也不像水生系统那样有永久性深水层，而是经常处于土壤水分饱和或有浅水层覆盖的状态，这种特殊的环境特征必然导致各种环境因子的时空特异性。

本节内容对影响白洋淀湖泊湿地氮素循环的主要环境因子的时空变化特征进行分析，包括水体温度、DO、pH、COD_{Mn}、沉积物/土壤有机质、全磷以及微生物等。

4.3.1 白洋淀湖泊湿地上覆水环境因子特征分析

4.3.1.1 温度

水体温度是湖泊湿地系统中重要的生态要素。水温的变化不仅直接影响到湖泊水生生物的生长、繁殖，还是影响水体 DO 浓度高低的关键因子（郭秀云等，2007）。当水温较低时，水生生物生命活动变缓甚至停止，水中各种物质的转化速率相应降低；当水温上升时，水生生物的新陈代谢增强，呼吸作用加快，物质转换速率增加，有机物的耗氧率明显增高，导致水中 DO 含量减少。

白洋淀湖泊湿地虽沟壑纵生，但相互连通，因此水体温度分布比较均匀，图 4.6 为白洋淀湖泊湿地实验区表层水体温度的时间变化情况，4 个不同的实验区水温差异并不显著，最大温差约 3℃。在实验期间，白洋淀湖泊湿地水体温度表现出明显的季节变化，水温范围为 0～32.0℃，并在 8 月达到最高温度，12 月出现最低温度，之后水体逐渐结冰，直至第二年春天重新融化。

尽管白洋淀湖泊湿地整体水温差异不大，但湖心区和湖滨带的水温仍不相同。图 4.7 是各实验区湖心区和湖滨带平均水温变化图，由图 4.7 可以看出，在 5—10 月植物生长季，湖滨带的水温略低于湖心区水体温度，主要原因是植被的遮阴作用一方面减少了阳光对湖滨带水体的照射；另一方面也降低了陆地区的土壤温度，经过热传递作用使得湖滨带水温相对较低。

4.3.1.2 DO

DO 是水体中所有需氧生物新陈代谢的关键因素，是反映水中生物生长状况和

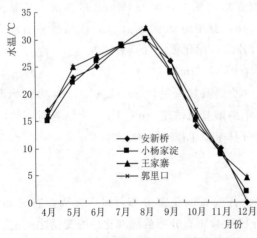

图 4.6 白洋淀湖泊湿地水温时序变化图

污染状态的重要指标。湖泊湿地水体中 DO 水平主要与溶解平衡条件、湖泊水动力条件、光合作用强度、化学和生物新陈代谢耗氧程度等因素有关（张莹莹等，2007）。图 4.8 是白洋淀湖泊湿地水体（10cm 处）DO 时序变化图，由图 4.8 可知，4 个实验区 DO 的含量表现为：郭里口＞王家寨＞小杨家淀＞安新桥，与白洋淀主要污水的入淀流向相反，说明污水入淀后，经过水体的稀释、水生生物的吸收降解以及沉降等作用逐步得到净化。由图 4.8 还可看出，4 个不同实验区水体的 DO 虽有不同但变化趋势大致相似，均在温度最高的 8 月 DO 含量达到最低，而温度最低的 12 月 DO 最高，这与 O_2 在水中溶解度的变化特征相一致，温度越低，DO 含量越高。

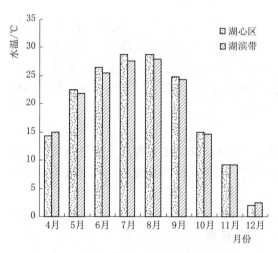

图 4.7　白洋淀湖泊湿地水温空间变化图

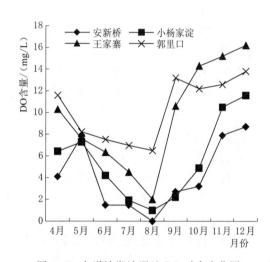

图 4.8　白洋淀湖泊湿地 DO 时序变化图

　　与水温的空间变化相似，湖心区和湖滨带水中 DO 的含量也存在差异。图 4.9 是白洋淀湖泊湿地 DO 空间变化图，由图 4.9 可以看出，湖心区和湖滨带水中 DO 含量的变化趋势相一致，都随温度升高而降低，随温度降低而升高。在整个实验期，湖滨带水体 DO 含量均低于湖心区，这可能与湖滨带的特殊环境有关。湖滨带水位由湖心区向陆地区逐渐变浅，有利于芦苇的生长繁殖，芦苇发达的根系又会改变底质的微环境，使得该区成为微生物种类和数量最多的区域，微生物的生命活动以及对污染物的降解都需要消耗大量的 DO；同时，茂密的芦苇还会对水中的各种污染物进行物理截留，增加了 DO 的消耗量，加之湖滨带的气—水界面较小，不利于大气中 O_2 向水中的扩散，这些都可能造成湖滨带水中 DO 含量低于湖心区。

　　由图 4.9 还可知，虽然湖滨带水体 DO 均低于湖心区，但两者的差值变化明

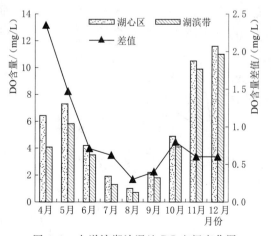

图 4.9　白洋淀湖泊湿地 DO 空间变化图

显。4月时，湖心区和湖滨带水体DO的差值为2.4mg/L，随着时间的推移差值不断减少，8月时差值达到最小值0.3mg/L。但9月差值逐渐增加，10月再次出现峰值，11月和12月的差值基本一致。分析其原因可能为：白洋淀湖泊湿地在4月晚春季节温度迅速回升，湖滨带的各种生物开始复苏，生命活动加快，对水中DO的需求急剧增加；而湖心区由于水位深，对温度变化的响应缓慢，各种生物、化学反应仍处于较低水平，所以表现为二者水中DO差值最大。5—8月，随着温度的升高，一方面O_2在水中的溶解度相对降低；另一方面湖心区各种生物数量也逐渐达到较高的水平，其新陈代谢能力加强，导致需氧量增多；而湖滨带在耗氧的同时，会有部分氧通过芦苇发达的根系补充给水体，因此，8月湖滨带和湖心区水体DO差值最小。

8月以后，芦苇逐渐成熟，苇叶开始变黄脱落，脱落的苇叶腐败分解，增加了耗氧量；同时，芦苇的光合作用开始减弱，根系对水体的输氧能力也相应降低。湖滨带和湖心区水体DO差值逐渐增加，至10月达到一个峰值。11月白洋淀湖泊湿地进入冬季，温度迅速下降，芦苇收割完毕，各种生物的新陈代谢活动减少甚至停止，因此，湖滨带和湖心区水体DO差值又有所降低，且维持相对平稳的状态。

4.3.1.3 pH

湖泊水体的pH是水环境整体组成状况的主要参数指标，很大程度上确定了生物的发展条件，控制了水体中各类物质的迁移和转化过程，如元素的溶解沉淀、吸附解吸等（孙顺才等，1993；王雨春，2001）。

在白洋淀湖泊湿地中，4个实验区水中pH的变化特征不明显，图4.10是白洋淀湖泊湿地pH时序变化图。由图4.10可以看出，安新桥和小杨家淀实验区水中pH变化较大，为7.60～9.30，且无明显规律性，而郭里口实验区水中pH的变化范围较小，为7.80～8.48，原因可能是入淀污染物在短期内改变了水体的酸碱度，使安新桥和小杨家淀实验区水体的pH出现较大范围的波动；随着污染物在淀中的流动，pH逐渐趋于平稳，所以在郭里口实验区表现出相对稳定的pH。

从空间变化看，湖心区水中pH均高于湖滨带，且在7月和8月两区域的差值较大，结果见图4.11。可能原因主要包括两个方面：一方面是浮游植物的光合作用导致湖心区水体pH上升（金相灿等，1990）；另一方面是湖滨带大量生长的芦苇在新陈代谢过程中分泌部分酸性物质，而且湖滨区的微生物数量和种类都多于湖心区，对底质中有机质的降解作用强于湖心区，这都会使湖滨带水体的pH降低。

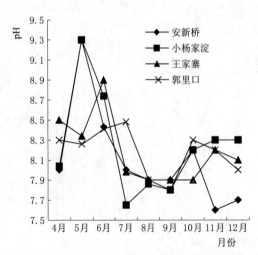

图4.10 白洋淀湖泊湿地pH时序变化图

4.3.1.4 COD_{Mn}

COD_{Mn}是指在一定条件下，以高锰酸钾为氧化剂，处理水样时所消耗的量。一般来说，自然水体中的物质在外界所提供的条件下，都要尽其所能转变为最稳定的形态存在。水体中的亚硝酸盐转化为硝酸盐，亚铁转化为三价铁，硫化物、亚硫酸盐转化为硫酸盐，即含硫、磷的化合物能转变为硫酸盐和磷酸盐，含氮化合物能转变为硝酸盐等，这些稳定简单的化合物作为 COD_{Mn} 被测出。因此，COD_{Mn} 可以表征水中还原性无机和有机污染物的含量。但由于 COD_{Mn} 的测定受温度、测定时间及氧化剂浓度所限，因此只能测定出水样中 $50\%\sim70\%$ 的有机物质。

图 4.12 为白洋淀湖泊湿地 4 个不同实验区水中 COD_{Mn} 的时序变化图。由图 4.12 可以看出，由于安新桥是污

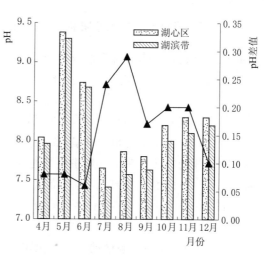

图 4.11　白洋淀湖泊湿地 pH 空间变化图

水入淀最先到达的地区，所以该处的 COD_{Mn} 普遍高于其他 3 个实验区，而小杨家淀是离安新桥最近的点，所以 COD_{Mn} 的变化特征基本与安新桥相似，都表现为 4 月和 12 月时含量较高，5—10 月 COD_{Mn} 在相对较低的水平波动，可能与环境温度有关。4 月和 12 月白洋淀湖泊湿地的温度都较低，各种生物的生命活动减缓或停止，所以水中还原性污染物的转化过程受到影响；而 5—10 月适宜的温度使湿地中各种生物的新陈代谢活动加强，有助于还原性污染物的转化。从图 4.13 湖心区和湖滨带 COD_{Mn} 的差值也能看出，在冻融的 4 月和温度较高的 7—9 月，湖心区的 COD_{Mn} 都远高于湖滨带，这就说明了生物作用一定程度上加速了水中还原性污染物的去除速度，使其含量明显降低。

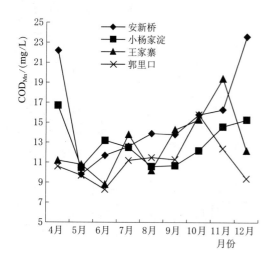

图 4.12　白洋淀湖泊湿地水体 COD_{Mn} 时序变化图

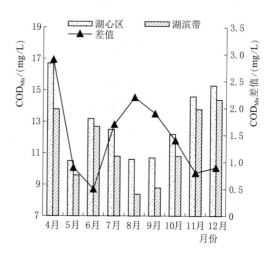

图 4.13　白洋淀湖泊湿地水体 COD_{Mn} 空间变化图

4.3.2　白洋淀湖泊湿地沉积物/土壤环境因子特征分析

4.3.2.1　沉积物/土壤有机质的分布特征

湿地沉积物/土壤中有机质的变化对氮素的迁移、转化等地球化学行为有着重要的影响作用（朱广伟等，2001）。不同的湿地类型，沉积物/土壤中有机质含量差异较大，即使是同一湿地，沉积物/土壤中有机质含量也不均一，具有高度的空间差异性（傅国斌等，2001）。沉积物/土壤中有机质含量取决于有机质的输入量和输出量，输入量主要来源于水中动植物残体的归还，输出量则主要是通过有机质的降解。从水体直接进入沉积物的有机质通量较大（王雨春，2001），进入沉积物的有机质在表层可以迅速发生降解（Westrich et al.，1984；王浩然，1996；肖保华，1996），最后难降解的或相对稳定的有机质在沉积物/土壤中保存下来（万国江等，2000）。

图4.14为白洋淀实验区湖心区沉积物中有机质的垂直分布图。由图4.14可以看出，各实验区湖心区沉积物中有机质的垂直分布规律大致相似，均呈现随深度的增加而减少的现象，这与有机质输入量由上向下依次减少相一致。湖中内源动植物残体和外源有机物都在沉积物表层累积，使沉积物上层有充足的有机质供微生物分解和动植物利用。随着沉积物深度的增加，有机质输入量减少，但芦苇繁密的根系并未减少，植物对有机质的主动吸收仍在发生（Jones et al.，1996）。芦苇发达的根系增强了根际环境的复合氧含量，10cm以下的沉积物微生物的呼吸作用相对旺盛，导致沉积物中有机质被不断分解，以供植物、微生物的生命所需，这些都会导致有机质含量明显减少。从白洋淀湖泊湿地沉积物有机质的水平分布看，王家寨沉积物中有机质含量高于小杨家淀和郭里口，这一现象可能与王家寨一带曾经有鱼场分布，积累了较多的鱼类残体和排泄物等有关。

图4.15显示了白洋淀湖泊湿地表层沉积物/土壤有机质的空间分布。由图4.15可知，开阔水体中的有机质含量比较稳定，在3个不同实验区第1和第2采样点的沉积物中有机质含量变化不大，在水位变幅最大的第3采样点有机质含量都最小；而后3个采样点有机

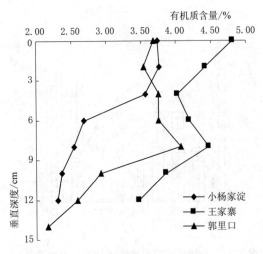

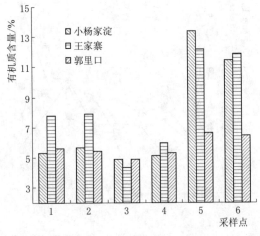

图4.14　白洋淀实验区湖心区沉积物中
有机质的垂直分布

图4.15　表层沉积物/土壤中有机质的空间分布

质含量又升高，说明白洋淀湖泊湿地湖滨带可能是有机质降解的活跃区。

　　白洋淀湖泊湿地表层沉积物/土壤有机质含量在时间上也存在差异性。图4.16是白洋
淀湖泊湿地表层沉积物/土壤有机质的时间
变化图，由图4.16可以看出，在一年的时
间里，湖心区沉积物中有机质总体表现为
累积的状态。在冰封期，冰层以下的各种
生物将累积一年的有机质进行降解，以获
得足够的能量生存，直到下一年的春天冰
层融化。因此，沉积物中有机质含量在4
月表现为全年较低水平。

　　湖滨带表层沉积物/土壤中有机质的含
量和变化趋势与湖心区大致相同，只是在
植物生长旺盛的8月沉积物/土壤有机质含
量明显降低，之后又缓慢升高。这种现象
的原因可能是为6—8月土壤温度升高，芦
苇生长迅速，微生物活性增强，导致对沉

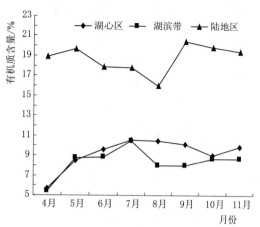

图4.16　白洋淀湖泊湿地表层沉积物/土壤
有机质的时间变化

积物/土壤有机质分解加速，经过这样一个相对强烈的生物降解过程，使得湖滨带沉积物/
土壤中有机质含量明显减少。之后的几个月，芦苇开始由生长期过渡到成熟期，其对碳源
的需求量相对减少，而其根系分泌物和死根的增多，促进了有机碳的累积，使得湖滨带沉
积物/土壤有机碳含量呈现增加趋势。

　　由于陆地区与湖心区和湖滨带相比，缺少了水体的携带作用，物质的转化变得相
对单一。陆地区有机质输入则主要以动植物残体的积累分解获得，而其输出也以微
生物的降解和植物吸收为主要途径，所以陆地区有机质的变化呈现出明显的季节性，
且土壤有机质含量也高，比湖心区和湖滨带高出2～3倍。随着白洋淀湖泊湿地干淀
现象的频繁发生，陆地区面积不断扩大，其高水平的有机质含量可能会使白洋淀湖
泊湿地成为环境中碳和氮的"源"，从而对温室气体CO_2和N_2O的生成和释放产生促
进作用。

4.3.2.2　磷的分布特征

　　磷素是植物生长发育必需的营养元素之一，磷的多少直接影响湿地植物、微生物的
生长状况，进而影响湿地氮素的生物地球化学过程。自然湖泊湿地中的全磷含量主要来源
于成土母质和动植物残体归还量（戎郁萍等，2001），湖泊湿地内的水生植物不仅可以从
沉积物中吸收营养，同时也向沉积物/土壤释放氧和分泌酸性物质，进而影响磷的生物地
球化学循环。

　　从空间上分析，白洋淀湖泊湿地表层沉积物/土壤全磷的垂直分布和空间分布均与有
机质的变化相似，见图4.17和图4.18，说明白洋淀湖泊湿地是磷素的汇，且湖滨带是生
源要素生物地球化学过程的活跃区。

　　从时间上分析，白洋淀湖泊湿地表层沉积物/土壤中全磷分布的时间变化表现为先减
后增的趋势，见图4.19。这种现象主要与环境温度的升高和湿地中植物的生长有关。4月

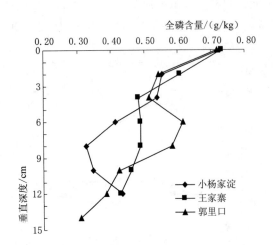

图 4.17　白洋淀湖泊湿地湖心区沉积物
全磷垂直分布趋势

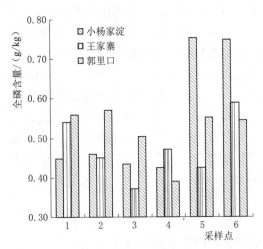

图 4.18　白洋淀湖泊湿地表层沉积物/土壤中
全磷的空间分布

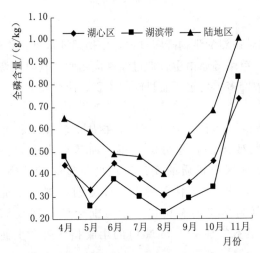

图 4.19　白洋淀湖泊湿地表层沉积物/土壤
全磷的时间变化

土壤刚刚开始解冻，生物生长缓慢，对磷素的吸收利用较少；随着温度升高，生物生长旺盛，对磷的吸收利用大幅度增加，从而导致 8 月时土壤全磷含量达到最低；9 月以后，随着植物逐渐成熟，对磷素的需求量减少，且植物地上养分转移到地下，发生累积或被土壤胶体固定，导致了土壤尤其是表层土壤磷素的增加。

4.3.2.3　微生物分布特征

　　自然湿地具有"改善"相邻水体水质的能力，可以通过养分循环，即微生物的各种代谢活动，如硝化作用和反硝化作用等，有效地减少水体中氮素的浓度。总体上来说，湿地系统中的营养物质——氮主要由微生物的作用而去除（Lin et al.，2002），微生物在湿地系统的物质循环过程中起着重要的作用。

　　湿地中的微生物主要有菌类、藻类、原生动物和病毒，它们是其生态系统中的重要组成部分，特别是细菌，多数营养物质的降解转化都是由相应的细菌完成。有研究报道，湿地植物根区的细菌总数与 BOD_5 去除率之间存在显著相关性（梁威等，2004），氨氮的去除率与根际硝化细菌的相关性极显著（周红菊等，2007）。在本书中，对白洋淀湖泊湿地表层沉积物/土壤中的细菌总数进行了监测，图 4.20 为白洋淀湖泊湿地表层沉积物/土壤中细菌总数的时空变化特征图。

　　由图 4.20 可以看出，白洋淀湖泊湿地表层沉积物/土壤中细菌总数有着明显的时空差异性。从空间上看，细菌总数表现为：湖心区＜陆地区＜湖滨带，原因可能是湖滨带处在

水位变化带，表层沉积物/土壤中氧气充足、营养丰富、水分含量适宜，为细菌提供了最佳的生长繁殖环境，所以该区域细菌数量最多。湖心区常年淹水，沉积物基本处于缺氧或厌氧条件，多数好氧菌不能生长，只有厌氧菌和兼性厌氧菌能够生存。北方降雨较少，导致白洋淀湖泊湿地陆地区土壤多呈干燥状态，良好的通气状态使厌氧菌不能生长，所以陆地区细菌总数也少于湖滨带。湖滨带较多的细菌数量必然会影响此处营养物质的转化。从时间上看，白洋淀湖泊湿地表层沉积物/土壤中细菌总

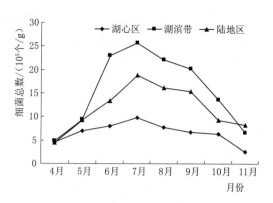

图 4.20 白洋淀湖泊湿地表层沉积物/土壤中细菌总数的时空变化特征图

数有季节性变化特征。4 月以后，随着温度的升高，细菌总数逐渐增多；5 月和 6 月增长最快，增长量为 127%，7 月时细菌总数达到最大值；之后，天气逐渐变凉，温度下降，细菌总数又呈现减少的趋势。细菌的这种季节变化特征与白洋淀湖泊湿地表层沉积物/土壤中有机质和全磷含量的变化正相反，说明细菌是参与生源要素循环的主要成员。

4.4 白洋淀湖泊湿地氮素的时空变化研究

我国大部分湖泊由于高负荷的营养盐而存在不同程度的富营养化现象，其中氮是主要的污染元素之一。即使在控制外源的条件下，内源的二次释放也可以长期维持富营养化状态，尽管底泥疏浚是直接去除内源的有效方法，但其成本较高，且很难大面积实施（Xu et al.，2003）。如何利用生态的方法降低内源污染，尤其是活性较强的氮，已成为多学科专家研究的热点。大量研究已经证明，湿地作为陆地和开阔水体之间的过渡地带，是多种运动形态及物质体系的交汇场所，也是地球上能量交换、物质迁移非常活跃的一个地带。湿地生态系统能够利用其物理、化学和生物作用的综合效应，包括沉淀、吸附、离子交换、络合反应、硝化-反硝化作用、营养元素的生物链转化和微生物分解等过程，对湖泊氮素进行高效的去除（Watts et al.，1998）。

通过对白洋淀湖泊湿地环境因子的分析，发现湖泊湿地的不同采样区，其环境条件呈现出明显的差异性，这种差异必然会影响到物质的迁移转化过程。本章对白洋淀湖泊湿地水体和沉积物中各种形态氮素的时空分布进行了连续监测，初步揭示白洋淀湖泊湿地氮素的迁移转化特点。

4.4.1 白洋淀湖泊湿地氮素的空间变化特征

4.4.1.1 上覆水体氮素的空间变化

湖泊水体中氮素的组成主要为有机氮和无机氮（NH_4^+—N、NO_3^-—N 和 NO_2^-—N），无机氮是造成水体富营养化的主要因素。白洋淀湖泊湿地水中的氮素主要以无机氮为主，且不同形态氮素的空间变化特征不同。从白洋淀湖泊湿地水中氮素的空间变化特征（图

4.21）可以看出，白洋淀湖泊湿地水体内氮素的主要赋存形态为 NH_4^+-N，且 NH_4^+-N 和总氮的空间变化与污水流经实验区的方向相一致，均表现为：安新桥＞小杨家淀＞王家寨＞郭里口。NO_3^--N 和 NO_2^--N 的空间变化不明显，安新桥、小杨家淀、王家寨和郭里口的 NO_3^--N 全年平均浓度分别为 1.24mg/L、1.11mg/L、1.23mg/L 和 0.98mg/L，NO_2^--N 全年平均浓度分别为 0.07mg/L、0.13mg/L、0.06mg/L 和 0.04mg/L。

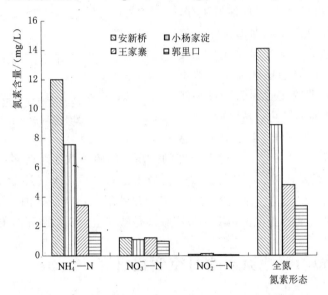

图 4.21 白洋淀湖泊湿地实验区上覆水中氮素的空间变化特征图

虽然 NH_4^+-N 是水体氮素的主要赋存形态，但随着水体的流动，水中不同形态氮素的组成比例也在发生变化。图 4.22 是四个实验区水中 NH_4^+-N 和总氮含量的关系图，图中横坐标是 NH_4^+-N 浓度，纵坐标是总氮浓度。由图 4.22 可知，在安新桥实验区，水中 NH_4^+-N 和总氮的相关性很高，R^2 为 0.956；随着水体的流动，水中 NH_4^+-N 浓度不断降低，其与总氮的相关性也逐渐降低，小杨家淀和王家寨实验区水中的 NH_4^+-N 和总氮相关性的 R^2 分别为 0.470 和 0.488，而郭里口实验区水中 NH_4^+-N 和总氮则无相关性。由此可以看出，以 NH_4^+-N 为主的污水进入白洋淀湖泊湿地后，随着水体的稀释、沿途植物的吸收以及 NH_4^+-N 的沉降和微生物的降解转化，NH_4^+-N 不再是水中氮素的主要赋存形态，而 NO_3^--N 在总氮中的比例由 8.76％ 上升到 29.04％。

由图 4.21 还可以看出，在铵态氮迅速减少的同时，NO_3^--N 并没有明显的变化，这就说明在白洋淀湖泊湿地中可能存在着较强的硝化作用。因为，假设所有的 NH_4^+-N 均被植物吸收和土壤吸附，无氮素的转化，那么 NO_3^--N 应为减少趋势，而实际 NO_3^--N 的浓度没有明显减少，说明存在 NO_3^--N 补充，即 NH_4^+-N 通过硝化作用部分转化成了 NO_3^--N。

从 NO_3^--N 和 NO_2^--N 的空间特征看，小杨家淀全年 NO_3^--N 的平均浓度低于安新桥和王家寨，而亚硝态氮的平均浓度却最高，说明小杨家淀实验区可能有强于其他三个实验区的反硝化过程进行。

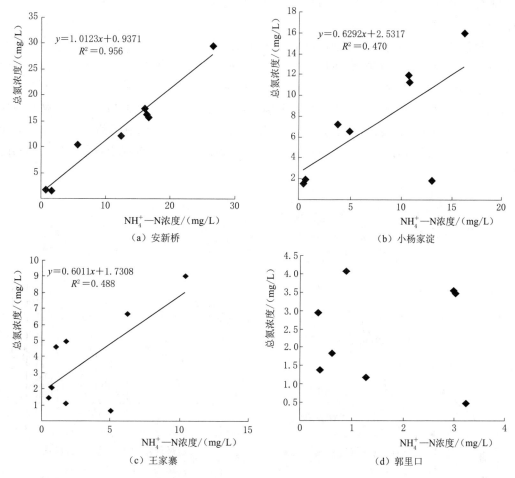

图 4.22 白洋淀湖泊湿地实验区上覆水中 NH_4^+—N 和总氮相关关系图

4.4.1.2 沉积物/土壤中全氮的空间变化

自然湿地中的氮素主要来源于动植物残体，也有少量来源于降水和人为污染；而氮的输出则主要是沉积物中有机氮的分解，分解后大部分被植物、微生物吸收利用，部分氮素经过矿化、硝化、反硝化作用以及氨挥发等过程重返大气。沉积物剖面的全氮含量反映了沉积物中氮素的来源，记录了其沉积、分解和释放的历史，也从一定程度上揭示了其所处微环境的特点。

由图 4.23 可以看出，白洋淀湖泊湿地表层沉积物中全氮含量的垂直分布大体一致，表现为表层全氮含量较高，随深度增加全氮含量逐渐减少，此结果与太湖沉积物中全氮的垂直分布趋势相似（范成新等，2000）。小杨家淀和郭里口沉积物中全氮的分布趋势较一致，都在 4～6cm 处出现一次全氮含量的低值，说明此处可能是白洋淀湖泊湿地沉积物中降解氮素的一个活跃区，相关结论有待进一步验证。而王家寨沉积物中全氮含量的垂直变化与其他两区略有不同。0～6cm 处王家寨沉积物中的全氮含量高于其他两区，而 8cm 以下其全氮含量又介于小杨家淀和郭里口两区间，原因可能是该区养鱼投放的各种饲料和鱼

类排泄物不能得到及时的降解而堆积在沉积物表层，经过多年的积累，使得该区沉积物上层的氮素明显增多。

表层沉积物/土壤的全氮含量可以反映沉积物氮库状况及其潜在的释放能力。图4.24为白洋淀湖泊湿地表层沉积物/土壤全氮含量的空间分布。由图4.24可知，自湖心区到湖滨带，表层沉积物/土壤全氮含量逐渐降低，而陆地区全氮含量又出现增加，三个实验区湖滨带的沉积物/土壤全氮含量均最低，分别为0.24%、0.25%和0.14%。湖滨带是白洋淀湖泊湿地实验区水位变幅最大的区域，该区域沉积物/土壤中的有机质、全磷和全氮含量均是采样点中最低的，说明在水位变幅的湖滨带是白洋淀湖泊湿地中各种反应最剧烈的区域。

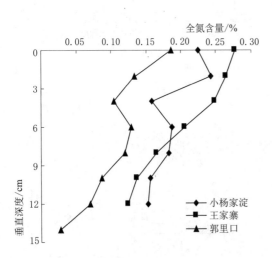

图4.23 白洋淀湖泊湿地表层沉积物全氮含量的垂直分布

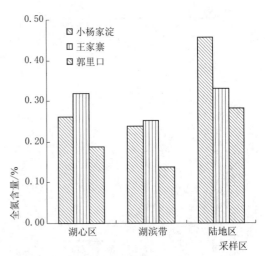

图4.24 白洋淀湖泊湿地表层沉积物/土壤中全氮含量的空间分布

4.4.1.3 沉积物孔隙水中无机氮的垂直变化

沉积物是水体中污染物的源或汇，沉积物中有机质降解所产生的营养盐是水环境体系营养水平的主要控制因子之一。沉积物中的有机氮化合物，经过矿化作用，其中的有机大分子分解成以氨基酸形式存在的有机络合物，氨基酸经脱氨作用形成NH_4^+—N，而在氧化层，NH_4^+—N又被氧化成NO_3^-—N。这些降解形成的NH_4^+—N和NO_3^-—N被释放到孔隙水中，在孔隙水中又向低浓度区扩散或被吸附或重新分配（刘巧梅等，2004）。沉积物孔隙水中无机氮主要是NH_4^+—N和NO_3^-—N，尽管它们在沉积物中所占比例很小，但是对湿地生态系统具有重要的意义。

图4.25是小杨家淀、王家寨和郭里口实验区湖心区沉积物孔隙水中NH_4^+—N和NO_3^-—N的垂直分布图。由图4.25可看出，各实验区沉积物孔隙水中NH_4^+—N的浓度大体上随深度增加而升高，但不同实验区沉积物孔隙水中NH_4^+—N浓度的变化差别较大。小杨家淀沉积物孔隙水中NH_4^+—N浓度较高，并在垂直方向出现明显的锯齿状变化，且在6~12cm处浓度变化不大，这与小杨家淀沉积物有机质和全氮在底层变化缓慢相一致。王家寨沉积物孔隙水中NH_4^+—N浓度最低，且变化幅度小，说明该点沉积物中

有机氮的降解过程相对较弱，与该点沉积物中有机质含量最高相吻合。虽然郭里口沉积物孔隙水中 NH_4^+—N 浓度的变化范围较大，但其趋势仍表现为由表层向底层增加。

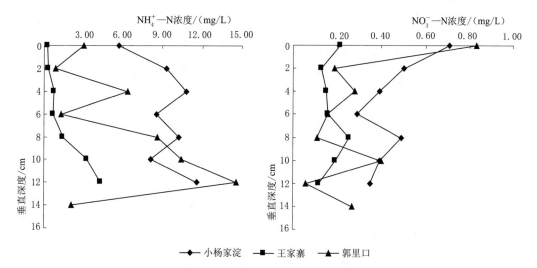

图 4.25　各实验区湖心区沉积物孔隙水中 NH_4^+—N 和 NO_3^-—N 的垂直分布

白洋淀湖泊湿地实验区沉积物孔隙水中 NO_3^-—N 浓度除了王家寨变化不大外，小杨家淀和郭里口 NO_3^-—N 浓度的变化趋势都呈现随深度增加而减小的现象。这可能是因为沉积物中 DO 从表层到底层含量逐渐减小，导致硝化作用减弱，而反硝化作用增强。在 0～6cm 处的沉积物中保持一定的 DO 含量，有足够的氧化条件将部分 NH_4^+—N 氧化为 NO_3^-—N，而随深度增加孔隙水中 NH_4^+—N 含量高到抑制有机质降解时，反而促进硝化作用。因此，3 个实验区分别在 8cm 和 10cm 处再次出现 NO_3^-—N 浓度的峰值，然后迅速下降。

由沉积物孔隙水中高浓度的 NH_4^+—N 含量和较低浓度的 NO_3^-—N 含量可以看出，沉积物中有机氮的主要降解产物为铵态氮，表明有机氮降解反应主要是在缺氧或无氧环境下进行，而湖泊湿地沉积物正是有机氮降解的良好环境。在垂直深度为 4～6cm 处，3 个实验区 NH_4^+—N 浓度都出现了一个相对高值，这与沉积物全氮含量在此位置较低相一致，再一次表明 4～6cm 处可能是微生物降解有机氮的一个活跃区。

4.4.2　白洋淀湖泊湿地氮素的时间变化特征

4.4.2.1　上覆水体氮素的时间变化

图 4.26 呈现了白洋淀湖泊湿地水中氮素（NH_4^+—N、NO_3^-—N、NO_2^-—N 和总氮）的时间变化特征。由图 4.26 可知，白洋淀湖泊湿地水体中氮素存在明显的时间变化，且各实验区的变化趋势基本一致。

NH_4^+—N 是白洋淀湖泊湿地水体污染的主要成分，其变化特征表现出季节性。经过一个冬季的冰封期，白洋淀湖泊湿地中有机氮在缺氧环境下降解为 NH_4^+—N，且不能得到快速氧化而在水中积累，因此，在 4 月，水体表现出较高的 NH_4^+—N 浓度。随着冰层的融化，水—气界面的气体交换作用增强，水中 NH_4^+—N 被氧化为 NO_3^-—N，而浓度减

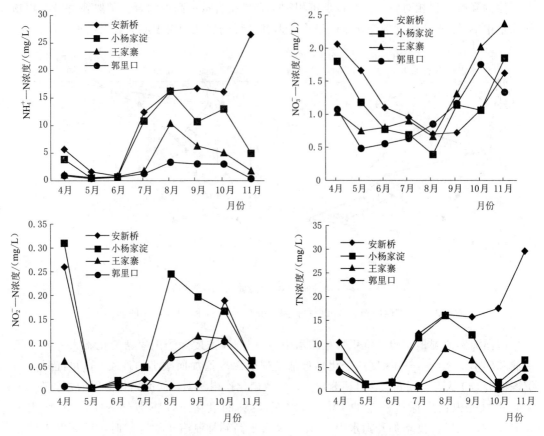

图 4.26　白洋淀湖泊湿地实验区上覆水中氮素的时间变化特征图

少。6 月以后，白洋淀湖泊湿地的温度升高，湿地中各种微生物的生物活性也在增强，所以，水和沉积物中的有机氮被快速、大量降解，导致水中 NH_4^+—N 浓度升高，在 8 月，小杨家淀、王家寨和郭里口水中 NH_4^+—N 浓度都达到最大。

6 月以后，NO_3^-—N 的变换特征与 NH_4^+—N 的相反，特别是氮素相对较高的安新桥和小杨家淀，随着温度的升高，其水中 NO_3^-—N 逐渐降低，在 8 月达到最低，之后逐渐增高。这一现象一方面可能与水生植物的吸收有关，夏季是植物生长最快的季节，而 NO_3^-—N 又是植物氮素营养代谢的第一步，一般认为，植物对 NO_3^-—N 的吸收是主动过程，在细胞膜上存在着 NO_3^- 的专性运输蛋白，借助质膜 ATPase 水解产生的质子驱动力将 NO_3^-—N 运入膜内（李春俭，2001）；另一方面可能是夏季反硝化细菌活性较强，NO_3^-—N 发生了强烈的反硝化脱氮作用，因此，夏季白洋淀湖泊湿地水中 NO_3^-—N 浓度会降低。

NO_2^-—N 的变化与 NH_4^+—N 相似，但峰值多出现在秋季，原因还有待进一步研究。由于白洋淀湖泊湿地水体中氮素的主要成分是 NH_4^+—N，所以总氮的变化特征与 NH_4^+—N 一致。但在 11 月，各实验区总氮浓度都有所升高，特别是安新桥，其浓度为 31.09mg/L，一方面可能由于高浓度的污水进入实验区，另一方面可能与温度降低、生物

活性减弱、湿地对氮素的净化能力有所降低有关。

4.4.2.2 表层沉积物/土壤中全氮的时间变化

白洋淀湖泊湿地表层沉积物/土壤中氮素的分布不仅在空间上有相同的分布特征，在时间上湖心区、湖滨带和陆地区的变化趋势也一致。图 4.27 是白洋淀湖泊湿地实验区小杨家淀和王家寨表层沉积物/土壤中全氮的时间变化特征图。由图 4.27 可知，在植物生长期，白洋淀湖泊湿地实验区表层沉积物/土壤全氮含量逐渐减少，8 月达到最低值，而后又开始累积，逐渐增加。

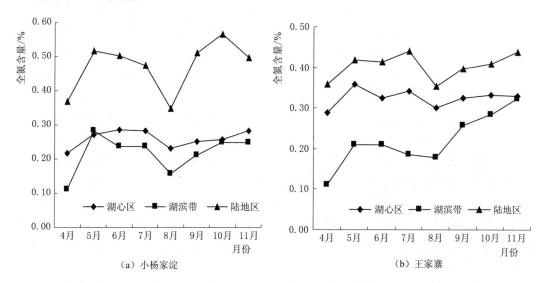

图 4.27　白洋淀湖泊湿地实验区表层沉积物/土壤全氮的时间变化特征图

虽然在白洋淀湖泊湿地湖心区、湖滨带和陆地区沉积物/土壤全氮含量时间变化特征基本相同，但其全氮含量多少仍有不同。在白洋淀湖泊湿地中，由于湖心区常年淹水，沉积物中的物质转换过程相对单一，主要为厌氧生物的降解过程，所以其氮素的变化比较平稳，小杨家淀和王家寨湖心区沉积物全氮含量分别为 0.22％～0.28％ 和 0.29％～0.36％。湖滨带是水位频繁交替的区域，该区域水分充足、氧化还原条件适宜，是多种微生物大量聚集生长的区域，且芦苇生长旺盛，所以湖滨带沉积物/土壤中全氮的含量是整个白洋淀湖泊湿地生态系统中变化最大、含量最低的区域。陆地区的氮素主要来源于植物和土壤微生物残体的腐败降解，而氮素的输出也主要是植物和微生物的吸收，与湖心区和湖滨带相比，其周围环境的交换过程相对较少，因此陆地区土壤全氮的含量最高，与白洋淀湖泊湿地有机质的分布规律一致。

4.4.3　白洋淀湖泊湿地氮素时空变化初探

在白洋淀湖泊湿地实验区，水中氮素污染以 NH_4^+—N 为主，在污水入口处即安新桥，水中 NH_4^+—N 浓度占总氮的比例高达 85.2％，其浓度为 12.01mg/L，经过水体的稀释、沿途沉降、生物的吸收和转化，到郭里口时水体中 NH_4^+—N 的去除率达到 86.75％，浓度也仅为 1.59mg/L，达到Ⅰ类水标准。水中氮素的空间变化特征揭示了白洋淀湖泊湿

地对氮素的污染有较强的净化能力，特别是对高浓度 NH_4^+—N 的去除，平均去除率高达 77.11%。

通过对白洋淀湖泊湿地实验区沉积物/土壤全氮的空间变化分析得出，与陆地相比，水体中氮的生物地球化学循环更快，湖滨带是促进氮素迁移转化的关键区域。植被型湖滨带具有氮迁移转化（矿化、硝化和反硝化等）的理想条件，白洋淀则是一个拥有大面积植被型湖滨带的天然大型湖泊湿地。已经有大量的研究表明植被区沉积物中氮的铵化、硝化和反硝化速率明显高于裸露区沉积物氮的转化速率（Herbert，1999；Matheson et al.，2002；Saunders et al.，2001）。在湖滨带，沉积物/土壤表层微生物种类繁多、数量丰富，而且碳源充足，再加上大部分挺水植物可以通过根、茎等组织将氧气传输到较深区域的根表面，在沉积物/土壤表层和植物根际形成氧化层，而离根际稍远的地方则处于还原条件，这些条件都有利于氮的矿化、硝化和反硝化，最终以气体的形式（N_2O 和 N_2）进入大气，完成脱氮过程。

水中无机氮的浓度变化除了受本身的生物地球化学作用影响外，同时也受生物利用的影响。在植物生长期，白洋淀湖泊湿地实验区水中 NH_4^+—N 和 NO_3^-—N 呈现相反的时序变化趋势，即 NH_4^+—N 升高，NO_3^-—N 则降低。根据这种时序变化趋势，初步推断在植物生长期，白洋淀湖泊湿地中出现较强的铵化作用，而铵化作用产生的 NH_4^+—N 扩散进入水体使水体 NH_4^+—N 出现累积。但是，水中并没有出现高浓度的 NO_3^-—N，且 NO_2^-—N 却和 NH_4^+—N 的变化趋势相一致，说明在白洋淀湖泊湿地中的反硝化过程可能强于硝化过程，以至于硝化作用生成的 NO_3^-—N 很快被消耗，但其具体的迁移转化过程有待进一步研究。

通过对水中氮素和沉积物/土壤全氮的时间变化分析认为，夏季是白洋淀湖泊湿地湖滨带硝化-反硝化作用最强的时期。反硝化脱氮是水生生态系统中氮去除的关键过程（Martina et al.，1999），而这一过程必然会带来 N_2O 的释放峰期，进而增加温室效应的影响。因此，关注夏季白洋淀湖泊湿地 N_2O 的排放成为研究白洋淀湖泊湿地氮素迁移转化不可缺少的重要环节。

4.5 白洋淀湖泊湿地硝化、反硝化作用研究

在湖泊沉积物/土壤中，通过生物与生物、生物与非生物之间的相互作用，与水体不断进行物质交换，周而复始地进行着各种物质的循环、转化，进而维持水环境的生态平衡。在湖泊沉积物/土壤中，所有生物都参与了物质的生物地球化学循环，而微生物由于本身所具有的特点，诸如种群数量多、分布范围广、繁殖速度快、适应性强、物质转化途径丰富多样等，在湿地生态系统的生物地球化学循环中发挥着非常重要的作用。

在环境微生物学研究中，常把微生物数量作为重要的检测指标之一，环境中微生物数量的多少及其活性的高低，从一个侧面反映该环境中物质循环的状况。通过对湖泊中不同生理功能类群细菌数量的检测和分布状况的分析，可以推测该水体环境中生源要素的循环状况。在湖泊沉积物中，由于受所处环境的地理位置、营养成分、透光性、氧气浓度、沉积深度、季节温差、污染物的种类与浓度等诸多因素的影响，微生物的种群数量以及分布

状况存在各种差异。如常见的好氧细菌、厌氧细菌、硝化细菌、反硝化细菌 4 种主要功能类群的细菌，它们在各种生态环境中普遍存在，并在碳、氮元素的物质循环以及污染环境的生物修复中起重要作用。

湿地氮素的循环主要在硝化和反硝化过程中进行。湿地硝化作用是在一定的环境条件下，通过硝化细菌的作用，将 NH_4^+—N 转化为 NO_3^-—N 的生物过程，可以分为 NH_4^+—N 到亚硝酸（氨氧化）和亚硝酸到硝酸（亚硝酸氧化）两个转化过程，主要由两类化能自养微生物完成，即亚硝酸细菌进行 NH_4^+—N 的氧化，硝酸细菌完成亚硝酸的氧化（刘志培等，2004）。硝化细菌广泛分布于土壤、湖泊及海洋等环境中。目前参加硝化作用的细菌主要有硝化杆菌属（*Nitrobacter*）、硝化刺菌属（*Nitrospina*）、硝化球菌属（*Nitrococus*）、亚硝化单胞菌属（*Nitrosomonas*）、亚硝化螺菌属（*Nitrosospira*）、亚硝化球菌属（*Nitrosococcus*）、亚硝化叶菌属（*Nitrosolobus*）、硝化螺菌属（*Nitrospira*）、亚硝化弧菌属（*Nitrosovibrio*）（Buchanan et al.，1974）。另外，有些异养微生物也能进行硝化作用（Castignetti et al.，1984），如恶臭假单胞菌（*Pseudomonas putida*）（Daum et al.，1998）、脱氮副球菌属（*Paracoccus denitrificans*）（Moir et al.，1996）、粪产碱杆菌（*Alcaligenes faecalis*）（Anderson et al.，1993）等，这些微生物可以在低碳条件下进行硝化作用，也可以在有机土壤环境中进行硝化作用（Tate，1977）。

一方面，反硝化作用具有重要的生物学意义，它是全球生命活动所必需的，没有反硝化作用，大气将会成为无氮的气体，在氮饥饿时地球上生物生长停止的同时，地球氮的供应将以硝酸盐的形式聚集在海底；同时，反硝化作用也有助于污水纯化和饮用水的净化。另一方面，反硝化作用也不利于农业生产，施入土壤中的氮肥，30％以上由于反硝化作用变成 N_2 而损失掉。此外，反硝化作用的同时也会产生大量的温室气体，如 NO、NO_2 和 N_2O，这些气体引起全球气候变暖并破坏臭氧层结构（刘学端，2003；Conrad，1996）。参与反硝化作用的细菌主要有反硝化微球菌（*Micrococcus Denitrificans*）、铜绿假单胞菌（*Pseudomonas aeruginasa*）、地衣芽孢杆菌（*Bacillus lichoniformis*）、反硝化单胞菌（*Pseudomonas denitrificans*）、反硝化色杆菌（*Chomobacterium* sp.）、紫色杆菌（*Chromobacterium violaceum*）等。据资料表明，从根际土壤分离的细菌，65％具有反硝化能力，且水稻根际的反硝化细菌数量达 18×10^6 个/g 土，其 R/S（根际土/非根际土）值一般为 1～514，这种差异因土壤类型而异（李振高等，1993）。李振高等（1993）在实验中发现，从水稻根基土壤中分离获得的反硝化细菌占细菌总数的 50％～70％以上，并且两者呈现正相关（$P < 0.01$），由此说明反硝化细菌没有专一性，可以认为大多数根际土壤中的细菌均为潜在的反硝化细菌。

在湿地氮素循环中多种微生物参与其中，但硝化作用和反硝化作用主要由细菌完成。因此，本章节以小杨家淀实验区为例，研究了白洋淀湖泊湿地细菌总数、硝化细菌、亚硝化细菌和反硝化细菌数量，以期分析其与氮循环的关系。

4.5.1 硝化细菌、亚硝化细菌与反硝化细菌数量研究

4.5.1.1 相关细菌数量的时间分布

一般来说，季节的变化尤其是环境温度的变化对湿地微生物数量有一定的影响。在炎

热的夏季和温度适宜的秋季，对于水体内许多中温微生物来说，是其生长代谢的有利时期。在此期间，细菌通常处于一种最为活跃的状态，因此，各种细菌的数量也达到一年中的高峰阶段。白洋淀湖泊湿地中硝化细菌、亚硝化细菌和反硝化细菌也呈现明显的季节变化趋势。图 4.28 是白洋淀湖泊湿地小杨家淀实验区各采样点沉积物/土壤中硝化细菌、亚硝化细菌和反硝化细菌的时间变化趋势图。

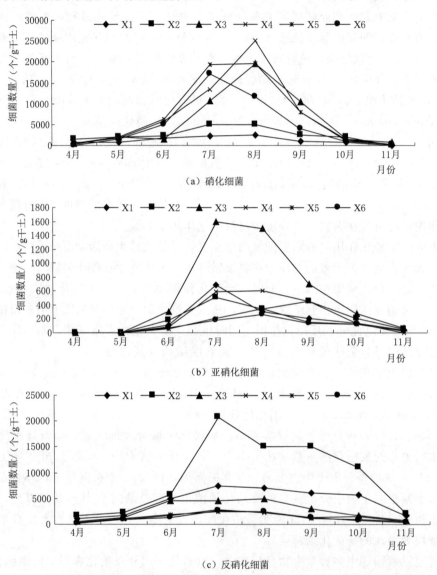

图 4.28　小杨家淀实验区各采样点沉积物/土壤中相关细菌的时间变化趋势图

　　由图 4.28 可以看出，小杨家淀实验区各采样点沉积物/土壤中硝化细菌、亚硝化细菌和反硝化细菌表现出基本相似的时间变化趋势，均呈现 4—6 月缓慢增多，6 月以后快速达到最大值，并在 7—8 月保持较多的数量，然后在 9 月之后开始逐渐减少的现象。

　　6—9 月正值北方的夏秋季节，温度较高、湿度适宜，是各种细菌快速繁殖的最佳时期，参与氮素循环的各种细菌也不例外，在数量上达到较高的水平。小杨家淀各采样点沉积物/土壤中硝化细菌和反硝化细菌的数量一般在 $10^4 \sim 10^5$ 个/g 干土范围波动，而亚硝化细菌的数量也多为 $10^3 \sim 10^4$ 个/g 干土。在白洋淀湖泊湿地中，参与氮素循环的不同细菌种群的大量存在，说明在该环境中微生物代谢活动非常活跃，为氮素代谢循环提供了必要的条件。10 月到第二年的 5 月，北方逐渐进入寒冷的冬天，并经历日夜温差较大的初春季节，此时的环境条件限制了多数细菌的生长繁殖，使得湿地沉积物/土壤中的硝化细菌、亚硝化细菌和反硝化细菌数量降低，环境中氮素的循环过程也相应变缓。

4.5.1.2　相关细菌数量的空间分布

由于硝化细菌、亚硝化细菌和反硝化细菌的生理特性不同，导致它们在湖泊湿地中的空间分布呈现差异。图 4.29 是白洋淀湖泊湿地小杨家淀实验区沉积物/土壤中硝化细菌、亚硝化细菌和反硝化细菌的空间变化趋势图。

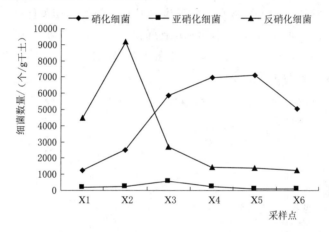

图 4.29　小杨家淀实验区沉积物/土壤中相关细菌的空间变化趋势图

硝化细菌是对 O_2 含量要求较高的细菌，而反硝化细菌多数为厌氧或兼性厌氧菌。从图 4.29 看出，采样点的氧化还原条件显著影响了硝化细菌和反硝化细菌的分布。从湖心区到湖滨带再到陆地区，硝化细菌数量逐渐增多，而反硝化细菌数量逐渐减少。X1 和 X2 两点位于水面以下，为常年淹水区域，在该研究区域中，反硝化细菌成为参与氮素循环细菌中的优势菌，其数量是硝化细菌的 2～4 倍，为反硝化作用的进行提供了有利条件。X3 点是水位频繁变化的区域，当水位下降时，土壤中丰富的养分和充足的氧气为硝化细菌和亚硝化细菌提供了生长繁殖的有利条件，而它们所进行硝化作用的产物又为反硝化细菌的生长提供条件，当水位上升后，反硝化细菌在适宜的环境条件下迅速繁殖，因此，该点硝化细菌和反硝化细菌的数量较相近。X4～X6 是位于水面以上的陆地区，土壤以氧化条件为主，硝化细菌成为该区域的优势菌。

参与硝化作用的亚硝化细菌和硝化细菌都是以 CO_2 为碳源的化能自养型细菌，但其功能各不相同。亚硝化细菌首先将氨氮氧化成亚硝酸盐，再由硝化细菌将亚硝酸盐氧化为硝酸盐，但在这一过程中产生的亚硝酸盐是对生物有害的致癌物质。从图 4.29 可以看出，小杨家淀沉积物/土壤中的硝化细菌数量大约比亚硝化细菌的数量高 2 个数量级，这种分布符合自然生态系统的特点，有利于亚硝酸盐快速氧化为硝酸盐，避免因亚硝酸盐积累而产生生物毒害作用。

4.5.1.3　相关细菌数量的影响因子

不同的环境因子影响硝化细菌、亚硝化细菌和反硝化细菌的数量、活性和群落结构，例如 pH、湿度、氧气浓度、碳源、氮源等（Bergsma et al.，2002；Parry et al.，1999；Robertson et al.，2000；Rudaz et al.，1999；Tiedje，1988）。硝化细菌正常代谢需要高水平的氧，每毫克氮素经过整个硝化作用途径，由氨气转变为硝酸根，大约需要 4.57mg DO 来"清除"含氮物质释放的电子，而亚硝酸细菌和硝酸细菌有所差异，对 DO 浓度要求分别为 1.0mg/L 与 2.0mg/L。同时，pH 也是环境中影响硝化细菌的重要因素，当 pH>9.5 时，硝化细菌受到抑制，在 pH 为 6.0 以下时，亚硝化细菌被抑制。刘学端等（2003）对海底沉积物的研究认为，硝酸盐和氧的水平是影响反硝化细菌群落的关键因素。

实验中对土壤温度、含水率、有机质和全氮等环境因子与硝化细菌和反硝化细菌间的关系进行了分析，发现只有土壤含水率和温度与其具有较好的相关性，而土壤有机质和全氮含量的相关性较差，可能原因为白洋淀湿地沉积物/土壤中有机质和全氮含量丰富，微小的差别不能够影响细菌的生长。图 4.30 和图 4.31 分别为土壤含水率和土壤温度与硝化细菌和反硝化细菌数量的相关关系图。

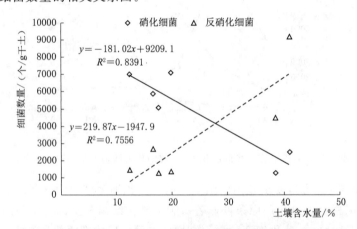

图 4.30　土壤含水率与硝化细菌和反硝化细菌数量的相关关系图

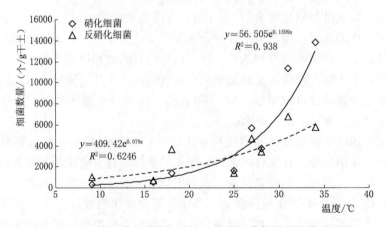

图 4.31　土壤温度与硝化细菌和反硝化细菌数量的相关关系图

由于土壤含水率的大小直接影响土壤中 O_2 的含量，从而促进或抑制硝化细菌和反硝化细菌的生长繁殖。从图 4.30 可知，随着土壤含水率的增加，硝化细菌数量呈现减少的趋势，而反硝化细菌则是增加。这主要是两种细菌对土壤中 O_2 含量的要求不同造成的。当土壤含水率高时，土壤间隙被水充满，O_2 含量就会减少，抑制了硝化细菌的生长；当土壤含水率低时，土壤间隙增多，O_2 含量也相应升高，从而促进了硝化细菌的生长，抑制了反硝化细菌的生长。

微生物的生命活动是由一系列生物化学反应组成的，而这些反应受温度的影响极为明显，因此，温度也是影响微生物生长的重要因素。任何微生物总有最低生长温度、最适生长温度和最高生长温度三个重要指标，即生长温度的三基点。在最低生长温度和最高生长温度范围内微生物均能生长，但在最适生长温度范围内生长速率达到最高。由图 4.31 可以看出，在整个实验过程中，小杨家淀土壤温度为 10～35℃，在这个温度范围内，硝化细菌和反硝化细菌均能生长，但在 25～35℃ 是硝化细菌和反硝化细菌的最适生长温度，其数量迅速增加，使得两种细菌的数量与土壤温度呈现出指数增长的关系。

4.5.2　硝化与反硝化强度研究

湿地氮素迁移转化的主要过程是硝化和反硝化作用，通过分析白洋淀湖泊湿地实验区硝化强度和反硝化强度的时空变化和影响因素，探讨白洋淀湖泊湿地氮素生物地球化学过程的变化。

4.5.2.1　硝化强度和反硝化强度的时空变化

图 4.32 是小杨家淀实验区不同采样点硝化强度和反硝化强度的时空变化趋势图。由图 4.32 可以看出，温度是影响硝化强度和反硝化强度的重要因素，在温度较高的 7 月，小杨家淀实验区各点的硝化强度和反硝化强度都很高，特别是反硝化强度，是 4 月和 11 月的 40～50 倍，这就可能导致白洋淀 N_2O 的排放量在夏季达到最大。

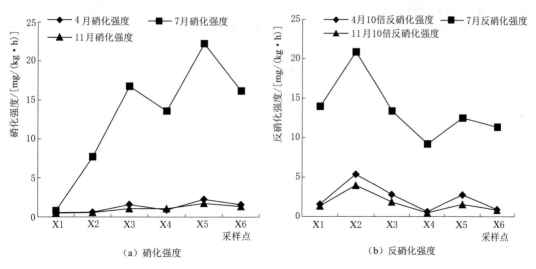

图 4.32　小杨家淀实验区不同采样点硝化强度和反硝化强度的时空变化趋势图

从空间上看，采样点 X3～X6 的硝化强度均大于采样点 X1 和 X2，而采样点 X1 和 X2 处的反硝化强度却高于其他 4 个采样点，这主要与硝化细菌和反硝化细菌的数量有关。通过对不同采样点硝化强度和反硝化强度的分析得出，采样点 X1 反硝化强度高于硝化强度，采样点 X2 和 X3 处的硝化强度和反硝化强度基本相似，其他 3 点的硝化强度均大于反硝化强度。由于反硝化作用的底物是硝酸根，而硝化作用的产物就是硝酸根，所以只有在硝化作用和反硝化作用基本相当时，脱氮作用才会更加显著。因此，采样点 X2 和 X3 处（湖滨带）可能是白洋淀湖泊湿地脱氮最活跃的区域。

4.5.2.2 硝化强度和反硝化强度的影响因素

湿地硝化和反硝化作用主要是微生物学过程，凡是对生物活动有影响的因素对湿地硝化和反硝化作用均有影响，其中主要的影响因素包括温度、水分、有效碳源、氮源等。

Breuer 等（2002）的研究表明，在澳大利亚热带雨林生态系统中土壤硝化作用和温度存在显著相关性，土壤温度每升高 1℃硝化速率平均增高 $1.17mg/(m^2 \cdot h)$ NH_4^+—N，在 14～24℃的温度系数 Q_{10} 值为 3.60。虽然反硝化作用在较宽的温度范围（5～70℃）内进行，但温度过高或过低都是不利的。Keeney（1979）等的研究结果表明，反硝化作用在 60℃以上时即受到抑制。Ryden（1983）的研究表明，在相同的土壤环境条件下，土壤温度从 5℃增加到 10℃，土壤的反硝化速率从 $0.02kg/(h \cdot m^2 \cdot d)$ N 增加到 0.11 $kg/(h \cdot m^2 \cdot d)N$，$Q_{10}$ 为 11。

水分是影响土壤通气状况的因子之一。在浸水的沼泽草甸土中，氧气的扩散受到了限制，硝化细菌数量少，硝化作用很弱或被抑制。Ingwersen 等（1999）研究显示，15℃条件下，土壤有机质层中体积水分含量为 42%～43.5% 时，硝化速率达到最大值。Breuer 等（2002）报道，随着水分含量的增加硝化速率明显降低，他们认为这可能是由于水分的增加促进了厌氧条件的形成所致。反硝化作用是一个在厌氧条件下进行的微生物学过程，因而受到土壤水分和通气状况的制约。高氧含量能抑制反硝化过程中还原酶的活性，土壤水分对反硝化的影响即水分含量通过对土壤的通气状况和土壤中的氧分压的影响，从而影响到反硝化作用。Weier 等（1993）研究了土壤含水孔隙率对反硝化的影响，结果表明，当土壤含水孔隙率从 60% 增加到 90% 时，增加氮素和碳素后，土壤中的反硝化速率增高了 70 倍。Ryden（1983）对降雨后田间土壤含水量的变化及其对反硝化作用的影响展开研究，分析结果表明，当土壤含水率小于 20% 时，反硝化速率仅为 $0.05kg/(h \cdot m^2 \cdot d)$ N；当土壤含水率大于 20% 时，反硝化速率超过 $0.2kg/(h \cdot m^2 \cdot d)$ N；当土壤含水率超过 30% 时，反硝化速率高达 $2.0kg/(h \cdot m^2 \cdot d)$ N。

在整个实验期间，小杨家淀 6 个采样点土壤含水率、有机质和全氮含量都不相同，但土壤温度和含水率是影响白洋淀湖泊湿地硝化和反硝化强度的主要因素，而其他因素与硝化和反硝化强度的相关性并不显著，结果见表 4.4。白洋淀湖泊湿地硝化和反硝化强度都与温度呈极显著正相关，与以往的研究一致。在温度相对稳定的条件下，土壤含水率会通过改变土壤氧气含量影响参与反应的各种微生物的活性，进而影响硝化和反硝化强度。硝化细菌和亚硝化细菌属于好氧菌，土壤含水率的增加使微环境中的氧气含量减少，从而抑制硝化作用的进行，因此，硝化强度与土壤含水率呈负相关关系。相反，反硝化细菌属于兼性厌氧菌，只有土壤含水率升高，氧气含量减少，其生理功能才能更好发挥，这就表现

为反硝化强度与土壤含水率呈极显著正相关。

表 4.4 土壤环境与硝化和反硝化强度的相关系数一览表

项目	温度	含水率	有机质含量	全氮含量
硝化强度	0.924**	−0.869*	0.650	0.694
反硝化强度	0.540**	0.756**	−0.253	−0.123

* 表示二者在 0.05 水平上相关；** 表示二者在 0.01 水平上相关。

第 5 章

白洋淀湿地温室气体排放通量研究

近年来，全球变暖使得极端气候事件频发，对人类社会的生产和生活产生巨大影响。大气中 CO_2、CH_4 和 N_2O 被认为是最重要的温室气体，随着工业化的发展，它们的体积分数分别比工业化以前增加了大约 26%、148% 和 8%。大气中温室气体的增加导致的全球气候变化是人类共同关注的问题，是世界经济可持续发展和国际社会所面临的巨大挑战。因此，温室气体体积分数的变化趋势、源与汇、输送规律等研究已成为全球变化研究中的焦点问题之一（王苏民等，1998）。以往的研究表明了大量化石燃料的燃烧、大量建筑材料——石灰和水泥等的大规模生产以及森林覆盖（尤其是热带地区的森林）大面积的减少、土壤不断地受到干扰，都是迅速提升大气中的 CO_2 浓度的主要原因（谢礼国，2004）。而大气中 CH_4 和 N_2O 主要来自于人类活动造成地表排放增加，尽管有关报道较多，但不同研究者在不同环境、地理条件下观测得到的结果并不一致（陈尚，1999）。在湿地生态系统中，微生物会把有机物中的碳元素矿化和释放，从而使生物界处于一种良好的碳平衡环境中。即在好氧条件下，碳水化合物可经过动物、植物和微生物的呼吸作用氧化为 CO_2；在厌氧条件下，碳水化合物经过发酵而产生醇类、有机酸类、H_2 和 CO_2，这些厌氧发酵的产物可通过呼吸作用而氧化成 CO_2，也可经过严格厌氧的产甲烷菌而转化为 CH_4，还有一种可能途径是埋在地层下而逐渐变成化石燃料并进一步得到长期保存。因此，碳素在湿地系统中的循环过程是研究其在湿地系统源和汇的基础。

5.1 湿地系统中碳素的循环过程

5.1.1 CH_4 的循环过程

5.1.1.1 CH_4 的源

CH_4 的自然源包括海洋、湖泊、自然湿地（含苔原）和野生动、植物等，人为源包括稻田、家养动物、垃圾填埋场、生物质燃烧和天然气泄漏等。很多研究者对全球大气 CH_4 的研究结果表明，湿地（包括自然湿地和水稻田）是大气 CH_4 最重要的生物源，约占全球 CH_4 源的 40%～50%（叶勇，1998）。湿地不仅因其巨大的源强而有特别的重要性，而且还具有特别的复杂性，由于湿地的全球分布、水浸润状况、土壤类型、营养盐输

入方式、地形地貌以及植被条件等诸多方面的差异，导致全球湿地 CH_4 源强估算具有较大的差异性。

5.1.1.2 湿地 CH_4 的产生

湿地中的 CH_4 是在严格厌氧条件下，有机物被微生物分解的最终产物。有机物中的碳水化合物、氨基酸和长链脂肪酸等，在非产甲烷菌的厌氧细菌作用下，分解为产甲烷菌的基质，如低分子量的挥发性脂肪酸、醇、其他简单有机物和 H_2/CO_2，这些基质在产甲烷菌的作用下形成 CH_4，主要方式如下：

$$CH_3COOH \longrightarrow CH_4 + CO_2$$
$$CO_2 + 4H_2 \longrightarrow CH_4 + 2H_2O$$

湿地产甲烷菌是一群具有相同生理特性而形态不同的细菌，现在将它们归纳为一个科，即甲烷菌科（Methanobacteriaceae）。产甲烷菌为严格厌氧细菌，需较强的还原条件（$Eh \leqslant -300\text{mV}$）才能生长，湿地正是提供了这一环境条件，才使得其成为主要的 CH_4 生物源。大多数研究报道，已分离的产甲烷菌大多为中温性，最适温度为 $30 \sim 40\text{℃}$。然而，也有些产甲烷菌种类为嗜热性，这些种类多存在于温泉中。

大多数产甲烷菌适于在 pH=7 附近的狭窄范围内生长，耐受的 pH 范围为 $6 \sim 8$，少数种类最适 pH 为 $8 \sim 10$，为嗜碱性。迄今为止尚未分离到嗜酸性产甲烷菌。

仅有少数化合物能为产甲烷菌的生长提供碳源和能源，已知的产甲烷菌基质有 H_2/CO_2、乙酸、甲酸和甲醇等。大多数产甲烷菌能通过 CO_2 的氢还原作用而生长，另外一些种类还能以甲酸为基质生长。

5.1.1.3 湿地 CH_4 的传输

湿地厌氧性土壤产生的 CH_4 可从超饱和的底质逸散到湿地地表水或大气中。湿地 CH_4 可通过三种途径进入大气：扩散传输、气泡传输和植物体传输。在不同湿地或同一湿地的不同时期，各种传输途径的重要性可能不同。

扩散传输：溶解态 CH_4 可按浓度梯度通过湿地底质—大气、底质—水和水—大气界面扩散进入大气，也可从土壤或地表水的深层向表层扩散，还有水平方向的扩散。浓度梯度是 CH_4 扩散传输的首要因素。上官行健等（1994）分析水稻田中土壤和地表水的 CH_4 含量，结果表明，在耕作层随着深度增加，土壤中的 CH_4 含量也增加，即在耕作层从深处至地表存在着 CH_4 浓度梯度；水稻田地表水中的 CH_4 浓度也是从底层到表层依次减小，而且水气界面和水土界面亦存在着 CH_4 浓度梯度。底层 CH_4 扩散传输的定量研究大多在海洋沉积物和淡水湖泊沉积物中进行。

气泡传输：当出现单一或混合气体超饱和现象或气体分压超过流体静压时就会产生气泡。一旦气泡形成，就会保持稳定，但当浮力足以使它们到达表层时，气泡就会变大（由于压强减小）而破灭，从而排放 CH_4。从初夏到秋季的温暖期，富含有机质的湿地底质中尤其可能出现这种分压的增加，于是在浅水湿地中，气泡传输有时成为总 CH_4 通量的重要排放方式。意大利水稻田由气泡传输产生的 CH_4 排放量为 $12 \sim 149\text{mmol}/(\text{m}^2 \cdot \text{s})$，而总 CH_4 通量范围为 $99 \sim 496\text{mmol}/(\text{m}^2 \cdot \text{s})$，$CH_4$ 的气泡传输为总传输量的 $2\% \sim 100\%$，其值随季节时间而异（Nouchi et al.，1994）。

植物体传输：湿地植物生长于厌氧的底质，但其具有发达的通气组织，为 O_2 的下行

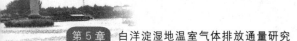

传输提供了方便；与此相反的是根系"废气"的上行传输，这些废气中可能含有大量的 CH_4。许多研究表明，植物体传输是水稻田 CH_4 传输的主要途径（Butterbach - Bahl et al.，1997；Nouchi，1994；Nouchi et al.，1993）。

5.1.1.4　CH_4 的汇及湿地 CH_4 的氧化

大气中 CH_4 的汇主要有两个：一个是 CH_4 在大气中的氧化；另一个是干燥好氧性土壤的吸收。好氧性土壤中的甲烷氧化菌可降解 CH_4，全球好氧性土壤 CH_4 消耗量约占全球 CH_4 产生量的 10%。

湿地产甲烷菌产生的 CH_4 并不能全部排放到大气中，而是大部分被土壤中的甲烷氧化菌氧化。有研究表明，如果没有土壤表层的氧化，水稻田土壤排放的 CH_4 将增加 5～10 倍，根周围的 CH_4 也有 30% 被甲烷氧化菌氧化；泥炭地好氧性的表层范围越大，CH_4 氧化量就越大，CH_4 的氧化量控制着泥炭地向大气排放 CH_4 的量。

湿地产生的 CH_4 既可被好氧的甲烷氧化菌氧化，也可被厌氧甲烷氧化菌氧化。好氧甲烷氧化菌通常在同时有 CH_4 和 O_2 存在的区域较活跃，这一区域通常为好氧与厌氧环境的界面，多为湿地表层土壤。厌氧性甲烷氧化的研究多在淡水湖泊和海洋水体或沉积物中进行（Barklett et al.，1993；Bubier et al.，1995）。

5.1.2　CO_2 的循环过程

湿地中的 CO_2 通过光合作用被固定在有机物质中，然后通过食物链的传递，在生态系统中循环，最终又以 CO_2 的形态排放到大气中，过程见图5.1。

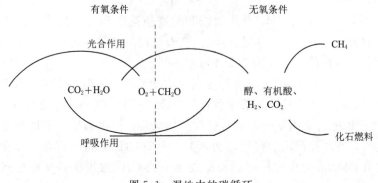

图 5.1　湿地中的碳循环

Brix 等（2001）的研究结果表明，湿地生态系统能够作为一个存储大气 CO_2 的碳汇。但是目前湿地受到来自自然和人为两方面因素的影响，全球变化和人类活动对湿地面积和范围的影响越来越大。湿地的水分、物理化学及生物特征经常处于剧烈的变化之中，人类活动特别是大面积的湿地排水垦殖为农田或牧场后，土壤温度升高，土壤性质改变，植被残体及沉积泥炭分解速率提高，碳释放量增加，改变了湿地生态系统的碳循环模式（Mitsch，1994）。例如有研究表明，如果沼泽湿地被全部疏干，则其碳的释放量相当于目前森林砍伐和化石燃料燃烧排放量的 35%～50%（Poiani et al.，1995）。而自然湿地被疏干转化为农田后，由于有机物质输入量的相对减少和有机碳分解增加，将导致土壤有机碳含量的不断降低。除了人类活动对湿地碳存储的影响外，湿地碳储存对气候变化也非常敏

感（Obebauer et al.，1991）。大气环流模式（GCMs）模拟认为目前高纬度地区土壤温度正在增加，同时湿度在变小，这些都加速了土壤有机质的分解，增强了土壤向大气排放 CO_2 的量。但是同时由于气候变暖，较高的空气温度和营养物质周转率的提高，植物生长季变长使得对碳的获取也增多，在一定程度上抵消了最初的碳释放（宋长春，2003）。因此，对于北方湿地人类活动影响以及土地利用/土地覆被变化对湿地温室气体释放和土壤碳库的影响已经成为全球环境、气候等多领域研究的热点。

5.2 研究方法

5.2.1 样品采集方法

采用密闭静态箱法对 CH_4、CO_2 和 N_2O 进行气体采集。气体采样箱由顶部密封的箱体（内部抛光的不锈钢圆筒）和中通的底座两部分组成，箱体规格为直径 40cm、高 50cm，箱体顶部开有三个小孔，分别是聚四氟乙烯管（3mm）连通的采气孔、风扇接线口和箱内温度探头接线口，箱内顶部边缘两侧对称斜向 45° 安装两个搅拌小风扇。底座规格为直径 39.9cm、高 25cm，上部外缘加密封槽（内径 1cm，深 2cm），密封槽下缘装有充气轮胎（内径 39.9cm，外径 50cm），起到浮圈的作用。采样箱内还设有测量箱内气体温度的探头，温度探头与温度数显表相连，数显温度计和风扇均由 12V 蓄电池供电。

CH_4、CO_2 和 N_2O 气体采集分为无水区采集和水上采集两种形式，在无水区于前一天将采样箱底座下部压入土中 5cm 深，周围踩实，采样当天将箱体与底座连接；水面上则将底座、箱体和浮圈固定好，由浮圈保证通量箱在水中的平衡。采样时，先开启风扇，让箱内气体与采样点周围的空气充分混合 5min，立刻用 100mL 一次性注射器采集第一个背景值气样，气样量约为 300mL，随后每间隔 10min 采集一次，共采集四次。每次抽气采样时都要测定该时刻的气压和气温，采集的气体储存于气体采集袋中，低温避光保存，并尽快完成浓度测定。由于白洋淀中芦苇高 2～3m，不能被采样箱覆盖，本次实验在陆地区采样时先将芦苇齐地面割掉，再放置采样箱采样，其样品不包括植物排放的气体量。

一般水体中 CH_4、CO_2 和 N_2O 的释放高峰较陆地提前 1～5h，水体在 11：00—12：00 达到最大值，而陆地在 13：00—17：00 达到最大（郑循华等，1997a），有研究表明，N_2O 排放的日平均值出现在 9：00 和 19：00（Dong et al.，2000），但是排放的规律并非固定不变的，通常气温决定了其排放的模式（刘景双等，2003；熊正琴等，2002）。为尽可能保证样品具有很好的全天代表性，CH_4、CO_2 和 N_2O 排放通量年变化的样品采集时间一般设在 9：30—14：00，从水体向岸边依次采集；日变化的采样时间为每 2h 采样一次。

5.2.2 样品分析方法

本书对温室气体 N_2O、CH_4 和 CO_2 排放通量进行分析。在实验室用气象色谱同时测

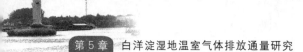

定 N_2O、CH_4 和 CO_2 浓度，其中 N_2O 采用电子捕获检测器检测，CH_4 和 CO_2 采用离子火焰化检测器检测。

通量（F）计算公式如下：

$$F = \Delta m/(A \cdot \Delta t) = \rho \cdot v \cdot \Delta c/(A \cdot \Delta t) = \rho \cdot h \cdot \Delta c/\Delta t \qquad (5-1)$$

式中：F 为被测气体通量，$mg/(m^2 \cdot h)$；A 为采样箱底座所包围的土壤面积；$\Delta m/\Delta t$ 为采样箱内被测气体质量随时间的变化；v 为采样箱的容积；ρ 为箱内气体密度（$\rho = n/v = P/RT$，单位为 mol/m^3，P 为箱内气压，T 为箱内气温，R 为气体常数）；h 为采样箱高度；$\Delta c/\Delta t$ 为被测气体在采样时间内浓度随时间的变化。

气体采集同时，现场对气温、气压、风速和风向进行测定，其中气温和气压用长春气象仪器厂生产的 DYM_3 型空盒气压表测定，风速和风向用天津气象仪器厂生产的 DEM_6 型三杯风向风速表测定。

5.2.3　统计方法

本章的统计方法同第4章。

5.3　白洋淀湖泊湿地 CH_4 的排放及其影响因素研究

CH_4 是重要的温室气体，它对全球温室效应的相对贡献率达 $15\% \sim 20\%$，其排放源主要包括自然源（如湿地）和人为源（如农田）。近年来，人们对这两种排放源进行了大量的研究（Houghton et al.，2001；Khalil et al.，2001），来自湖泊、沼泽湿地的 CH_4 排放量约为 $200Tg/年$，据估计，天然湿地每年向大气中排放的 CH_4 占全球 CH_4 排放总量的 53%（Le Mer et al.，2001），湿地生境成为大气 CH_4 主要的自然来源（刘子刚，2003；王德宜等，2002）。目前，湿地 CH_4 排放的研究仍主要集中在泥炭地，对淡水湖泊湿地 CH_4 排放的研究还较少（Kankaala et al.，2004）。我国面积大于 $1km^2$ 的湖泊有2300多个，总面积达 $71000km^2$，湿地面积为 65.94 万 km^2，约占世界湿地面积的 10%，居亚洲第一位，世界第四位。这些具有丰富有机物的湖泊、湿地是 CH_4 的重要潜在源（Casper et al.，2000；Michmerhuizen et al.，1996）。在北部地区，湖泊湿地 CH_4 的排放甚至超过了该地区泥炭地的排放（Juutinen et al.，2001；Juutinen et al.，2003）。而我国对湖泊、湿地 CH_4 排放的研究多集中在三江源湿地、太湖等地，对白洋淀湖泊湿地的研究未见报道。

白洋淀湖泊湿地作为华北地区唯一的自然湿地系统之一，对其气候的调节发挥着重要作用。因此，研究白洋淀湖泊湿地 CH_4 排放特征及影响因素，可为准确评估区域 CH_4 排放及气候影响提供科学依据。

5.3.1　白洋淀湖泊湿地 CH_4 排放通量的日变化特征

湿地 CH_4 通量的日变化研究多在水稻田进行，Seiler 等（1983）研究得出水稻田 CH_4 通量的日变化规律，认为 CH_4 通量的日变化与土壤温度呈正相关；上官行健等

（1994）的研究认为，水稻田 CH_4 通量的日变化极有规律性，并得出了下午最大值、夜间最大值和一天两个最大值的三种日变化模式。然而，自然湿地 CH_4 通量的日变化则极少见报道。

2007 年 7 月 28 日和 9 月 20 日分别对小杨家淀实验区进行了 CH_4 排放通量日变化的连续监测，中午到达实验区，于下午 1：30 开始监测。两次监测的天气均是晴天，湖心区和湖滨带风速小于 $1m/s$，陆地区风速几乎为 $0m/s$。图 5.2 是两次 CH_4 排放通量的日变化趋势图，由图 5.2 可以看出，小杨家淀实验区 7 月 CH_4 的排放通量明显高于 9 月，平均排放通量分别是 $68.57mg/(m^2 \cdot h)$ 和 $1.24mg/(m^2 \cdot h)$。在自然界里，大多数产甲烷细菌为嗜温性微生物，CH_4 产生的最低、最适和最高温度分别为 15℃、35℃ 和 40℃ 以上，参与 CH_4 代谢的微生物区系很难适应低温条件，在 $0\sim10$℃ 范围内，几乎没有 CH_4 形成。白洋淀湖泊湿地在 7 月 28 日的平均温度是 29.5℃，而 9 月 20 日的平均温度只有 19.3℃，这可能是导致 7 月和 9 月 CH_4 排放通量差异显著的主要原因。

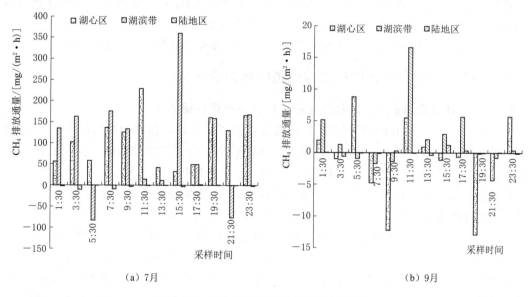

（a）7 月　　　　　　　　　　　　（b）9 月

图 5.2　CH_4 排放通量的日变化趋势图

虽然小杨家淀实验区 CH_4 排放通量的季节差异显著，但在同一天中 CH_4 排放通量变化的规律性差，时间变异性大。因此，每个采样日采样时间的选择十分重要，日变化规律观测对确定每日采样时间具有重要的参考价值。目前，国际上一般选择 9：00—12：00 作为 CH_4 当日采样时间，并假定此测定值能代表当日交换通量，也有学者建议在 10：00—14：00 采取灵活的采样起始时间以防止总是观测到交换通量高峰。

表 5.1 给出了小杨家淀实验区 CH_4 日平均排放通量、9：30 排放通量和 13：30 排放通量。通过简单的比较可以发现，小杨家淀实验区在不同季节、不同区域的全天 CH_4 排放通量平均值均可落在 9：30—13：30 的排放通量区间内，如果把 CH_4 日平均排放通量落入该区间与否作为判断 9：30—13：30 测得的通量是否能够代表当日通量的标准，那么从整个生长季来看，9：30、13：30 的测定结果很具有代表性。

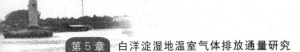

表 5.1　　小杨家淀实验区 CH₄ 日平均排放通量与 9：30、13：30 排放通量的比较

单位：mg/(m² · h)

月份	采样区域	CH₄ 日平均排放通量	9：30 CH₄ 排放通量	13：30 CH₄ 排放通量
7	湖心区	107.36	125.55	41.70
	湖滨带	100.72	133.75	11.13
	陆地区	−2.38	−2.38	−0.03
9	湖心区	−1.17	−12.20	0.93
	湖滨带	2.04	−1.35	2.19
	陆地区	0.06	0.30	−0.37

从空间上看，无论是 7 月还是 9 月，陆地区 CH_4 的排放通量都很少甚至表现为吸收状态，日排放通量平均值分别是 $-2.38mg/(m^2 \cdot h)$（吸收）和 $0.03mg/(m^2 \cdot h)$；而湖心区和湖滨带是 CH_4 排放的主要区域。7 月湖心区和湖滨带 CH_4 日排放通量平均值分别达到 $107.36mg/(m^2 \cdot h)$ 和 $100.72mg/(m^2 \cdot h)$，与太湖梅梁湾 $[-1.7 \sim 131mg/(m^2 \cdot h)]$ 和芬兰 Vesijärvi 湖 $[0.5 \sim 14mg/(m^2 \cdot h)]$ 湖滨带的 CH_4 排放通量相近（王洪君，2006）。

5.3.2　白洋淀湖泊湿地 CH₄ 排放通量的年内变化特征

5.3.2.1　白洋淀湖泊湿地不同实验区 CH₄ 的排放通量特征

通过对白洋淀湖泊湿地不同实验区的连续监测可以发现，白洋淀湖泊湿地 CH_4 的排放通量具有明显的时空变化规律。由图 5.3 可以看出，白洋淀湖泊湿地不同实验区 CH_4 排放通量都表现出较一致的变化趋势，在时间上，除郭里口外 7 月、8 月、9 月三个月 CH_4 排放通量较大；小杨家淀和王家寨实验区的 CH_4 排放通量在 7 月达到最大值。白洋淀湖泊湿地各实验区 7—9 月的 CH_4 排放量可以占到各区全年排放量的 90% 以上。

在空间上，三个实验区的陆地区 CH_4 排放通量均很小，有时会监测到吸收现象；湖滨带和湖心区的 CH_4 排放通量都较明显，且湖滨带的排放通量通常大于湖心区，说明湖滨带也是白洋淀湖泊湿地 CH_4 排放的活跃区域。和 N_2O 排放通量的规律相一致，CH_4 的排放通量在全淀范围也表现为：郭里口 < 小杨家淀 < 王家寨，与这三个实验区沉积物/土壤有机质的含量变化相一致。沉积物/土壤中的有机质除其本身所含有的有机物降解外，大部分来源于有机肥料和植物根系分泌物及老化脱落的细胞，它们都是沉积物/土壤中 CH_4 形成的重要决定因素。在王家寨实验区人为投掷的鱼饵及鱼的排泄物都使沉积物/土壤中有机质含量增加，进而促进了 CH_4 的产生和排放。

为了更好地说明白洋淀湖泊湿地 CH_4 排放通量的时空变化规律以及影响因素，下面仍以小杨家淀实验区为例进行分析。

5.3.2.2　CH₄ 排放通量的时间变化

小杨家淀实验区 CH_4 排放具有明显的季节性变化，即在夏季高，其他季节低，如图 5.3（a）所示，7—9 月 CH_4 的排放通量占整个实验期 CH_4 排放通量的 95.15%，与太湖梅梁湾的观测结果具有很好的一致性（王洪君，2006）。这种明显的季节性变化可能主要与湿地 CH_4 的形成机制有关。

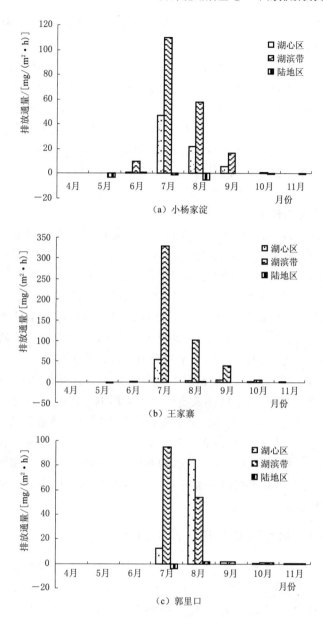

图 5.3　白洋淀湖泊湿地不同实验区 CH₄ 排放通量变化趋势图

复杂有机物形成 CH₄ 是两类微生物协同作用的结果。一类细菌分解复杂有机物而产生可为产甲烷菌利用的简单有机物或 H₂/CO₂，这些物质被产甲烷菌利用形成 CH₄。由此可见，微生物是 CH₄ 产生多少的直接影响因素。在白洋淀湖泊湿地中，7—9 月是一年中温度和湿度都较高的时期，也是大多数微生物大量生长繁殖的阶段，其各种生理活性也达到最大，因此，夏季成为白洋淀湖泊湿地 CH₄ 排放通量最大的时期。

5.3.2.3　CH₄ 排放通量的空间变化

小杨家淀实验区 CH₄ 排放通量具有明显的空间变化特征，由图 5.3 可知，CH₄ 排放通量表现为：湖滨带＞湖心区＞陆地区。由于 CH₄ 的产生要求严格的厌氧环境，而在陆

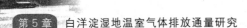

地区生长着茂密的芦苇，使得陆地区土壤厌氧层比较深，CH_4 的产生和排放受到一定的抑制，某些情况下扩散进好氧表层的 CH_4 甚至可以全部被消耗掉。CH_4 是甲烷氧化细菌生长代谢的唯一能源及主要碳源，所以当土壤好氧表层 CH_4 浓度不足以满足甲烷氧化细菌生长时，就会表现出土壤对 CH_4 的吸收状态。湖心区的排放通量为 $0.04\sim46.95\text{mg}/(\text{m}^2\cdot\text{h})$，比太湖梅梁湾的排放通量略高，可能与不同的自然环境条件有关。湖滨带是白洋淀湖泊湿地 CH_4 排放的主要区域，在整个实验期间，湖滨带 CH_4 的排放通量占整个实验区排放通量的 74.14%。湖滨带 CH_4 的高排放通量与其特殊的环境密切相关。

湖滨带是水陆交错的区域，有水域良好的厌氧环境，又有大型水生植物生长，这些条件都为 CH_4 的产生、传输和排放提供了有利的条件。在淹水环境下，沉积物中甲烷的产生有两种途径：一种是专性矿质化学营养物在产甲烷菌的参与下，以 H_2 和有机物作为 H 供体还原 CO_2 生成 CH_4，或直接利用甲酸和 CO 形成 CH_4；另一种是，甲烷基质营养物在产甲烷菌的参与下，通过对含甲基化合物（主要是乙酸）的脱甲基作用而形成 CH_4，这是生成 CH_4 的主要途径。湖滨带的植物可以降低水流和波浪的动能，从而导致来自开阔水体和陆地的富含营养的颗粒物沉降，以供给充足的碳氮源，同时凋落的植物秸秆也可以提供大量的营养源，这些都是 CH_4 产生的底物。CH_4 的传输包括扩散、气泡和植物通气组织传输三种方式，其中通过植物通气组织传输的 CH_4 常常超过扩散和气泡传输，占湿地排放量的 50%～95%，是湿地 CH_4 最重要的传输途径。

尽管湖滨带的面积很小，但是根据以上的研究结果，其排放通量不可忽视，湖滨带 CH_4 的排放可能对整个水域 CH_4 的排放量产生较大影响。已有的研究表明，相对水体来说，湖滨带是生物地球化学作用的热区，具有极高的甲烷排放通量；尤其是在富营养化湖泊中，漂浮藻体易于在下风向的湖滨带富集（Verhagen，1994），这已成为世界湖泊的一个比较普遍的现象。这些藻体含有大量新鲜的有机碳，特别是在植被型湖滨区，这就更有利于 CH_4 的产生。已有研究者指出，进行 CH_4 温室效应的区域评估，必须单独考虑有植被生长的湖滨带（Kankaala et al.，2004；Kankaala et al.，2005）。

5.3.3 湖滨带 CH_4 排放通量与环境因子的关系

湿地 CH_4 的排放是土壤中 CH_4 生成、氧化、传输和排放过程的相互作用的结果。湿地生态环境要素状况会影响上述几个过程，并最终影响 CH_4 的产生和排放。为了研究白洋淀湖泊湿地主要环境要素对 CH_4 排放通量的影响，在观测 CH_4 排放的同时也对影响 CH_4 排放的主要环境影响要素进行了测定。结果表明，影响白洋淀湖泊湿地 CH_4 排放的因素是多方面的，其中温度、DO、有机质和细菌总量是主要影响因素。

5.3.3.1 土壤温度与 CH_4 排放通量的关系

CH_4 是在极端还原条件下产甲烷微生物活动的产物。产甲烷微生物的活动需要适宜的温度，对于大多数产甲烷微生物而言，这一最适温度是 $35\sim37\,^{\circ}\!C$。国内外的许多研究表明，在有机质供给充分，土壤和水体的酸度适宜的条件下，温度对 CH_4 产生的影响遵循阿伦尼乌斯（Arrhenius）方程，即

$$\ln P = -(Ea/R)(1/T) + 常数 \tag{5-2}$$

式中：P 为 CH_4 产率；Ea 为表观活化能；R 为气体常数；T 为土壤绝对温度；$T<$

323K 时，Ea 为 $60\sim90kJ/mol$ CH_4。根据该方程，温度每升高 $10℃$，土壤中 CH_4 的产生率升高 $2\sim3$ 个数量级。

在对小杨家淀实验区湖滨带 CH_4 排放通量与土壤温度关系的分析中发现，两者存在显著的相关性（$P<0.05$），如图 5.4 所示，随着温度的升高，CH_4 排放通量呈对数增长，这主要与参与 CH_4 产生的微生物数量和活性有关，而在每年 7 月和 8 月，白洋淀湖泊湿地中微生物数量最多，是其活性最强的时期。

5.3.3.2 DO 与 CH_4 排放通量的关系

氧化还原条件是 CH_4 形成的主要影响因素。土壤淹水后，其中的 O_2 很快被消耗掉，DO 含量迅速下降。随着有机质的降解，土壤中的 NO_3^-、Fe^{3+}、SO_4^{2-} 和 CO_2 依次作为电子受体而发生反应，伴随着这些氧化还原反应的进行，土壤氧化还原电位逐渐降低。CH_4 产生作用位于呼吸链的最末端，通常要求非常低的氧化还原电位。白洋淀湖泊湿地 CH_4 排放通量符合这种规律，与 DO 含量呈显著负相关的关系，见图 5.5。

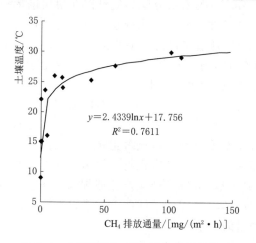

图 5.4 土壤温度与 CH_4 排放通量的关系

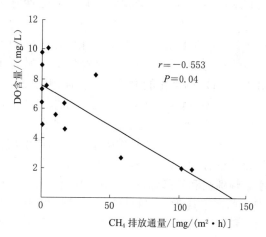

图 5.5 DO 含量与 CH_4 排放通量的关系

5.3.3.3 pH 与 CH_4 排放通量的关系

大多数产 CH_4 细菌生长代谢的 pH 适应范围为 $6\sim8$，最适 pH 为 7 左右，较低的 pH 条件对 CH_4 形成具有抑制作用。据报道，在同一沼泽地中，pH 为 $4.6\sim5.0$ 的边缘地带与 pH 为 $3.7\sim4.5$ 的中心地带相比，具有较高的 CH_4 排放通量。有研究表明通过在土壤悬液中加入不同量的 HCl 和 NaOH 研究 pH 对 CH_4 形成的影响，结果发现 CH_4 形成的最大速率发生在 pH 为 $6.9\sim7.1$ 的条件下，pH 低于中性时，CH_4 形成明显减少；而 $pH>8.8$ 时，土壤悬液的 CH_4 形成几乎完全被抑制。在整个实验过程中，白洋淀湖泊湿地沉积物/土壤的 pH 范围多为 $7.6\sim8.3$，因此，pH 对 CH_4 排放通量的影响表现不显著。

5.3.3.4 有机质与 CH_4 排放通量的关系

土壤中的有机质是 CH_4 形成速率的重要决定因素之一。有研究结果表明，施加有机质明显促进稻田 CH_4 的生成。Schiitz 等的研究表明，在意大利稻田施加稻秸可以显著提高 CH_4 释放，每公顷施 5t 和 12t 稻秸使 CH_4 排放通量比对照区增加 2 倍和 2.4 倍，但增加施入量至每公顷 60t 并不进一步增加 CH_4 的排放。除有机肥以外，在植物生长的某些阶段，根系分泌物和老化脱落的细胞也能为产甲烷细菌提高额外的有机物，从而增加 CH_4 的排放。

小杨家淀湖滨带沉积物/土壤中有机质的含量呈现季节性变化，从图 5.6 有机质与 CH_4 排放通量变化关系图可以看出，4—10 月有机质含量呈现出先增加后减少的趋势，7 月达到峰值，这与 CH_4 排放通量的变化趋势相一致。原因可能为湖滨带植被的生长增加了对水体悬浮有机物的截留，同时，植物的分泌物以及掉落物的降解也为产甲烷细菌提供了充足的碳源。对小杨家淀湖滨带沉积物/土壤有机质和 CH_4 排放通量进行相关性分析得知，二者在 $P<0.05$ 水平上显著相关，相关系数为 0.714。

5.3.3.5　细菌总数与 CH_4 排放通量的关系

CH_4 是有机物降解过程中形成的一种重要产物，湿地系统中复杂的有机物被各类微生物组成的食物链转化成简单的产 CH_4 前体，产甲烷菌在严格的厌氧条件下作用于这些产 CH_4 前体，而后产生 CH_4。甲烷的好氧氧化主要由甲烷氧化菌来完成，甲烷氧化菌以 CH_4 为唯一能源和主要碳源，是一种专性好氧菌，芦苇根系分泌的氧可以在根周围形成氧化层，大气中的 O_2 在水层中扩散，也在水土界面形成很薄的氧化层，这些区域都为甲烷氧化菌的生长提供了条件。当土壤中生成的 CH_4 通过扩散进入氧化区域时，大量 CH_4 被甲烷氧化菌氧化。因此，湿地 CH_4 排放量不仅取决于 CH_4 的生成能力，还决定于土壤对内源 CH_4 的氧化能力。但在白洋淀湖泊湿地长期淹水的湖心区和含水率较高的湖滨带，由于好氧环境有限，CH_4 氧化菌的种类和数量也很少，所以，在这里 CH_4 的产生可能是影响 CH_4 排放通量的关键因素。岳进等（2003）也曾报道，长期淹水条件和间歇灌溉条件下水稻田中 CH_4 通量的季节变化与产甲烷菌季节变化均呈极显著正相关关系而与甲烷氧化菌没有相关性。参与 CH_4 产生的微生物很多，有将复杂有机物降解为各种有机酸的水解性细菌和发酵性细菌，有利用有机酸分解成 CH_4 底物的产氢产乙酸细菌，还有合成 CH_4 的产甲烷菌，它们都属于细菌。因此，对小杨家淀湖滨带细菌总数进行了测定，以期分析白洋淀湖泊湿地细菌数量与 CH_4 排放通量的关系。

对小杨家淀湖滨带细菌数量测定结果见图 5.7，由图可知，细菌总数随温度的增加不断增多，由于温度的逐渐升高，长期淹水又为产甲烷菌提供了厌氧环境，所以产甲烷菌数

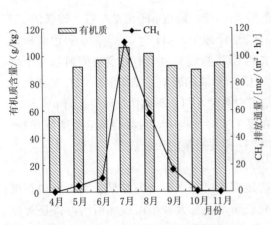

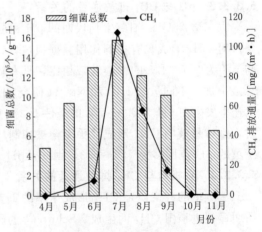

图 5.6　有机质含量与 CH_4 排放通量变化的关系图　　图 5.7　细菌总数与 CH_4 排放通量的变化关系图

目也会增多，在 7 月达到较高的水平，之后随着温度的降低，细菌总数开始减少，相应的产甲烷菌数量也降低，这与湖滨带 CH_4 排放通量变化的规律相吻合。为此，对 CH_4 排放通量的季节变化与细菌总数的变化进行相关性分析，得知白洋淀湖泊湿地 CH_4 排放通量与细菌数量存在显著正相关关系（$r=0.8489$，$P<0.05$），说明细菌是影响 CH_4 排放的主要因素之一。

5.4　白洋淀湖泊湿地 CO_2 的排放及其影响因素研究

白洋淀湖泊湿地丰富的有机质含量和复杂的生态环境特点，使其具有较高的 N_2O 和 CH_4 排放通量。尽管 N_2O 和 CH_4 是引起全球温室效应的因素，但温室效应的主导因子 CO_2 更是全球碳循环研究的热点。

碳是生命骨架元素，环境中的 CO_2 通过光合作用被固定在有机物质中，然后通过食物链的传递，在生态系统中循环，最终又以 CO_2 的形态排放到大气中。一般认为，大气 CO_2 浓度增加会导致生态系统植被的固碳量增加；另外，温度上升会导致土壤呼吸作用增加，从而导致更多的 CO_2 排放到大气中。然而，Giardina 等（2000）研究发现，在 5～35℃内土壤有机碳周转时间与温度无关，也就是说，在全球大尺度范围内并没有发现土壤呼吸随温度升高而增强。但他们的结论是基于一个简单的假定即土壤中所有的有机碳具有同样的周转特性。因此，Giardina 等（2000）的研究结果受到了质疑。Knorr 等（2005）重新分析 Giardina 和 Ryan 的资料后发现，气候变化引起的温度升高导致土壤中微生物分解速度增加，从而影响 CO_2 的产生。Davidson 等（2006）指出气候变化效应较单一的温度升高效应要复杂得多，如土壤水分状况，土壤中营养物质的有效性等都会随之变化，这些因素也会影响土壤呼吸作用。其中土壤结构的改变如湿地开垦为农田后，植物残体及沉积物有机质分解速率提高，碳的释放量会增加。

目前，由于全球气候变暖、水资源减少，许多湖泊、湿地面积萎缩，沉积物/土壤结构发生变化，加速碳的释放，促进气候变暖速度，如此下去必然会形成严重的恶性循环。因此，本章对白洋淀湖泊湿地系统呼吸作用即 CO_2 的排放情况及影响因素进行研究，并对 CO_2、CH_4 和 N_2O 三者间的关系和排放量进行分析、估算，以期为全球温室效应评估和研究控制温室气体排放措施提供重要依据。

5.4.1　白洋淀湖泊湿地 CO_2 排放通量的变化特征

湿地生态系统碳循环与生物循环密不可分，初级生产者进行有机物质的生产，形成生物量的积累，然后通过食物链，经微生物分解以 CO_2 形态还原到大气中，或以其他有机质的形态保留于土壤中。目前，关于 CO_2 的源/汇评价已经成为国际上研究的焦点问题（Berbigier et al.，2001；Moureaux et al.，2006），深入了解不同生态系统 CO_2 的交换特性及其变化规律可为其提供重要依据。因此，对白洋淀湖泊湿地生态系统 CO_2 通量在不同时空尺度的交换特征研究，可以为评价湿地生态系统对大气 CO_2 源/汇的贡献，提供十分有价值的数据支持。

5.4.1.1　白洋淀湖泊湿地 CO_2 排放通量的日变化特征

CO_2 排放通量是指通过观测水-土壤-植被系统与大气间 CO_2 的交换状况,是光合作用与呼吸作用(自养呼吸和异养呼吸)综合作用的结果。CO_2 排放通量的大小可以直接反映这种综合作用的方向和强度。当植被光合作用强度大于土壤与植物的呼吸作用,表现为植被从大气中吸收 CO_2,排放通量值为负,反之,土壤与植被系统向大气净排放 CO_2,排放通量值为正。当光合作用与呼吸作用基本相当时,CO_2 排放通量值在 0 附近。

分别在 7 月和 9 月对白洋淀湖泊湿地小杨家淀实验区进行了 CO_2 排放通量的日变化监测,结果如图 5.8 所示。白洋淀湖泊湿地 CO_2 排放通量在 7 月和 9 月表现出不同的日变化特征。7 月,有植被的湖滨带和陆地区均表现为 11:30 开始出现 CO_2 排放通量较小值,此时由于植被的光合作用较强,对呼吸作用产生的 CO_2 进行了吸收,直到 17:30,太阳光照强度减弱,植被的光合作用开始下降,土壤和植被的呼吸作用开始成为主要作用,因此,CO_2 排放通量呈现出增加的趋势。9 月,白洋淀湖泊湿地昼夜温差变大,且植被的生长进入成熟期,茎叶开始变黄,光合作用能力减弱,因此湖心区、湖滨带和陆地区表现出较一致的变化规律,即在 13:30 和 15:30 有相对高的 CO_2 排放通量,可能是由于此时温度较高,沉积物/土壤中微生物活性较高,相应呼吸作用较强。而 9 月时,湖心区基本是 CO_2 的汇,影响了沉积物呼吸作用的进行以及所产生 CO_2 的传输和释放。

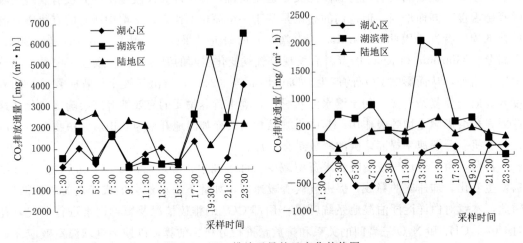

图 5.8　CO_2 排放通量的日变化趋势图

5.4.1.2　白洋淀湖泊湿地 CO_2 排放通量的年内变化特征

通过对白洋淀湖泊湿地不同实验区的连续监测可以发现,白洋淀湖泊湿地 CO_2 排放通量具有明显的时空变化规律。

由图 5.9 可以看出,白洋淀湖泊湿地三个实验区的不同采样区域表现出较一致的变化规律。在时间上,CO_2 排放通量都随季节不同而有所变化。4—7 月是 CO_2 排放通量逐渐升高的时期;7 月和 8 月 CO_2 保持较高的排放水平;进入 9 月,CO_2 排放通量开始降低,但在 10 月又有所回升,以后继续降低。这主要与植物的生长状况和土壤温度的变化有关,4—6 月芦苇和各种微生物都在随着温度的升高逐渐进入生长旺盛期,这期间 CO_2 排放通量也表现为增加的趋势。7 月和 8 月是芦苇的主要生长季,其各种生理活性达到较高的水

平，同时，由于土壤温度较高，微生物的数量和活性也相应增加，使得土壤呼吸作用增强，CO_2 排放通量达到最大。9 月时芦苇已经从生长期转入到成熟期，各种生理活性下降，地下生物量也基本停止生长，土壤呼吸作用减弱。而 10 月时陆地 CO_2 排放通量再次升高，这一现象可能与此时的芦苇大部分枯黄、光合作用基本消失有关，但具体原因还有待进一步研究。

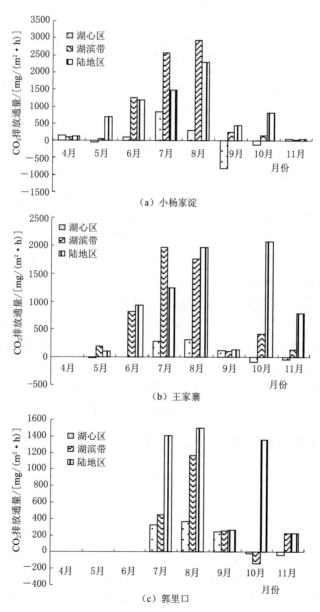

图 5.9　白洋淀湖泊湿地不同实验区 CO_2 排放通量变化趋势图

在大的空间尺度上，小杨家淀 CO_2 排放通量略高于其他两个实验区，平均排放通量为 767.12mg/(m^2·h)，王家寨和郭里口的平均排放通量分别为 757.36mg/(m^2·h) 和

507.80mg/(m²·h)，但在 10 月，王家寨和郭里口陆地区的 CO_2 的排放通量都高于小杨家淀，其原因有待进一步研究。从小的空间尺度上分析，三个实验区的湖心区 CO_2 排放通量都不高，有时会监测到吸收现象。湖滨带和陆地区的 CO_2 排放通量都比较明显，小杨家淀湖滨带 CO_2 排放通量在 6—8 月都高于其他两个区域，而在其他时间，陆地区的排放通量最大；王家寨和郭里口则表现为陆地区的排放通量较大。由表 5.2 也可看出，陆地区是白洋淀湖泊湿地 CO_2 排放的主要区域。

表 5.2　　　　　　　　不同实验区各区域 CO_2 排放通量情况一览表

采样区域	小杨家淀		王家寨		郭里口	
	平均排放通量 /[mg/(m²·h)]	占排放通量 百分数/%	平均排放通量 /[mg/(m²·h)]	占排放通量 百分数/%	平均排放通量 /[mg/(m²·h)]	占排放通量 百分数/%
湖心区	88.47	4.7	126.69	6.6	179.96	11.8
湖滨带	915.75	48.5	769.32	39.8	391.98	25.7
陆地区	885.47	46.9	1036.60	53.6	951.46	62.5

白洋淀位于大清河中游，主要靠上游地区大气降雨形成地表径流补给，因此，白洋淀的兴衰与气候条件的变迁息息相关。20 世纪 60 年代中期以后，白洋淀流域气候发展总趋势是向着干旱方向发展，由 60 年代年平均降水量 552.7mm 降到了 2003 年的年平均降水量 370.73mm，减少了近 33%。同时，由于山区森林覆盖率低，水土流失严重，潴龙河、唐河 20 世纪 50 年代输沙量高达 570 万 m³，随着水库的兴建，河流输沙量大大减少，但在 1970 年，白沟引河投入使用，将大清河北支洪水引入白洋淀，给白洋淀造成新的淤积。据统计，1955—1979 年，入淀河流平均每年向淀内输沙 183 万 t，加之河口淤积和围垦造田，30 年白洋淀水面缩减 34.8%。近些年，随着人们对白洋淀面临问题的关注，已经在采取补水等措施积极应对湖泊萎缩、干淀等现象，但效果仍不明显，陆地面积仍在不断扩大。根据本次对白洋淀湖泊湿地 CO_2 排放情况的研究发现，如果白洋淀湖泊继续萎缩，陆地面积不断增加，那么白洋淀将成为华北地区较大的温室气体排放源。

5.4.2　白洋淀湖泊湿地陆地区 CO_2 排放通量与环境因子的关系

湿地的特点是在大部分时间都处于淹水或水饱和状态下，这对于有机质的积累和分解有决定性的影响。湿地生态系统中碳的储存与水文过程及水位变动、地貌、气候因素也有关。湿地系统水文过程控制了湿地中氧化还原能力的大小。稳定的水位使湿地在一段时期内处于缺氧环境而生成 CH_4，相反，若水位变动幅度大，则沉积的有机碳被氧化，不能提高系统中碳的积累量。地形决定了水文状况、颗粒沉积物与有机物的迁移、沉积。对于具有很大坡度的湿地系统，则系统中的沉积物与水的流动将不会迅速产生有机质的积累。相反，对于低坡度的湿地系统，则系统有可能产生大量的积累，发生碳及其他元素的还原反应。同样，湿地系统中碳的分解速率和矿化速率也与温度、水分含量、C/N 和氧化还原电位等条件有关。有研究提出了有机碳分解和转化的动力学参数，包括分解速率和矿化产物的比例与关键影响因子的关系（王艮梅等，2007；田应兵等，2003）。土壤有机质的积累很大程度上取决于不同的分解作用，在这个积累与分解的动态过程，微生物对于水

分、温度及碳源的要求有很大的差异（黄耀等，2002）。有人研究发现，土壤有机碳的空间结构特征与土壤水分空间格局所反映的趋势是一致的。

作为碳循环最后一个环节，CO_2 的产生和排放同样受多种因素的影响。湿地 CO_2 排放主要受其产生量和消耗量的影响，自然湿地 CO_2 主要是通过植物、动物和微生物的呼吸作用产生的，而植物的光合作用又是 CO_2 消耗的主要途径。因此，影响呼吸作用和光合作用的因素都会间接影响 CO_2 的排放。

在北方地区，温度是影响各种生物生长和活动的主要因素，直接影响生物的呼吸作用和植物的光合作用。由图 5.10 可以看出，白洋淀湖泊湿地陆地区 CO_2 的排放通量与温度具有一定的相关性，随温度的升高，CO_2 排放通量呈指数增加，其可能原因包括：一方面，生活在土壤中的大量微生物是呼吸作用的主要参与者，微生物的生长与温度呈正相关关系；另一方面，植物在夏季也达到了光合作用最旺盛的时期，对呼吸作用产生的 CO_2 有吸收作用。因此，导致 CO_2 的排放与温度呈指数关系增长。温度之所以强烈影响有机物的分解，是因为每一个微生物种和整个群落的生物化学能力有最适宜的温度范围。有研究表明，含碳养分腐解的最大速度通常在 $30\sim35℃$，也有在 $37℃$ 和 $40℃$ 进行的。接近最适点的温度为 $30\sim40℃$，该范围内温度的变动对分解作用影响很小；在低于最适点范围内（一般为 $5\sim30℃$），随温度的升高，微生物活性增强加速了有机物的分解（Andrews et al.，2000）。有研究表明，温度每升高 $1℃$，全球陆地土壤将分解释放以 $1.1\sim3.4pg$ 碳计的 CO_2 到大气中（Yang et al.，2001）。

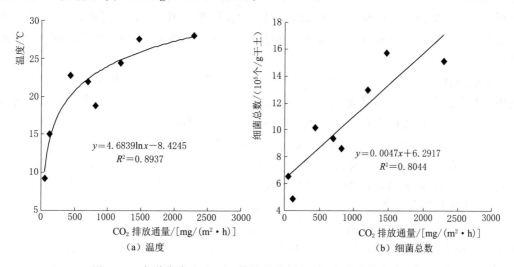

图 5.10　白洋淀陆地区 CO_2 排放通量与温度和细菌总数的关系图

在自然界的碳循环中，微生物发挥着重要的作用。大气中低含量的 CO_2 只够供给绿色植物进行 20 年光合作用之需，微生物的作用就是把有机物中的碳元素尽快矿化和释放，从而使生物界处于一种良好的碳平衡环境中。据估计，地球上 90％ 的 CO_2 是靠微生物的分解作用而形成的，因此，微生物数量在一定程度上也是影响 CO_2 排放的主要因素。对白洋淀湖泊湿地 CO_2 排放通量和其细菌总数进行相关分析得出，二者呈显著的正相关关系（$P<0.05$）。与此同时，对土壤含水量和有机质与 CO_2 的关系也进行了分析，结果发

现其相关性并不显著。

5.5　白洋淀湖泊湿地 N_2O 的排放及其影响因素研究

在自然界氮素循环过程中，反硝化作用是一关键环节，它是将陆地、水体生态系统中沉积物、水体、土壤、植被等氮库中氮转化成气态归还到大气圈的主要途径，在保持岩石圈、水圈、生物圈和大气圈氮素平衡中起着极为重要的作用。然而反硝化作用的产物 N_2O，是一种温室气体，会对大气层造成严重破坏。N_2O 的增温效应在于它能吸收红外波段的能量和减少地表热辐射的向外扩散，其单个分子的温室效应潜力是单个分子 CO_2 的 310 倍，且其寿命是已知温室气体中最长的，大约为 150 年（IPCC，1996）。N_2O 在对流层中相当稳定，其主要的清除机制是平流层光解，即 N_2O 进入平流层后被分解为 N_2 和 NO，而 NO 会造成臭氧层空洞的出现及酸雨的发生（王少彬，1994）。有研究报道，N_2O 增加一倍将会导致全球气温升高 $0.44℃$，臭氧减少 10%，紫外线向地球的辐射增加 20%。然而，N_2O 在大气中的含量却以每年 0.25% 的速率增长，对环境造成了严重影响。

N_2O 是反硝化作用的重要产物，硝化-反硝化反应以及 N_2O 气体在土壤中的传输都受到一系列的环境因子的影响和控制，这些因子在时空上都有很大的差异，主要包括土壤湿度、温度、土壤中有机质、氧气分压、可利用氮素的数量和地貌位置等（Khalila et al.，2005；Panek et al.，2000）。而湿地特殊的生态环境必然影响 N_2O 的产生和排放。有研究表明，陆地上至少有一半反硝化作用发生在湿地，因此，湿地具有较高的 N_2O 排放速率。Schiller 等（1994）研究发现，加拿大哈德逊湾湿地的 N_2O 排放量占排放总量的比例高达 80%。

湿地 N_2O 的排放已成为各国温室气体研究不可缺少的一项，国际上目前的工作主要集中在热带亚热带红树林湿地（Bauza et al.，2002；Corredtor et al.，1999），自由水面人工湿地 N_2O 排放和潜流人工湿地 N_2O 排放等（Bachand et al.，1999；Johansson et al.，2003；Lund et al.，2000；Spieles et al.，1999；Tanner et al.，2002；Teiter，2005），而我国对湿地 N_2O 排放的研究也多集中在三江平原湿地和太湖梅梁湾等湿地（周旺明等，2006；孙志高等，2007；宋长春等，2006；王洪君等，2006），对白洋淀湖泊湿地 N_2O 的排放研究较少。

经过本书前述的研究分析发现，在白洋淀这种芦苇密布、沟壕纵横交错的湖泊湿地系统中存在明显的环境因子、氮素分布和硝化-反硝化作用的时空差异性，这种差异必然会影响 N_2O 的产生和排放。因此，研究白洋淀湖泊湿地 N_2O 排放通量的时空变化特性和影响因素，确定白洋淀湿地 N_2O 排放的活跃区，不仅可以为今后控制白洋淀湿地 N_2O 的排放提供参考数据，还可为北方淡水湖泊湿地对温室效应的评估提供相关的科学依据。

5.5.1　白洋淀湖泊湿地 N_2O 排放通量的日变化特征及与温度的关系

温度不仅影响各种植物的生长繁殖，也影响微生物的代谢活动。在一定温度范围内，土壤微生物的活性、硝化及反硝化作用一般都会随温度升高而增加，进而导致 N_2O 排放速率相应增加。通常认为，$25\sim35℃$ 是硝化、反硝化细菌活动的适宜温度范围。由于北方

气候季节变化明显，每年的7—8月是全年温度相对较高的时期，而9月昼夜温差逐渐增大，因此，在7月下旬和9月下旬对小杨家淀实验点进行了 N_2O 排放通量的日变化监测。

5.5.1.1 N_2O 排放通量的日变化特征

2007年7月28日和9月20日分别对小杨家淀实验区进行了 N_2O 排放通量日变化的连续监测，中午到达实验区，于下午1：30开始监测。两次监测时的天气均是晴天，湖心区和湖滨带风速小于 $1m/s$，陆地区风速几乎为 $0m/s$。图5.11是 N_2O 排放通量的日变化趋势图。由图5.11可以看出，在时间尺度上，小杨家淀实验区全天 N_2O 排放通量和变化范围都表现为7月大于9月，数值见表5.3。主要由于7月正值白洋淀湖泊湿地一年中温度、湿度较高的时期，此时植物和微生物的生长达到最旺盛的阶段，植物的光合和呼吸作

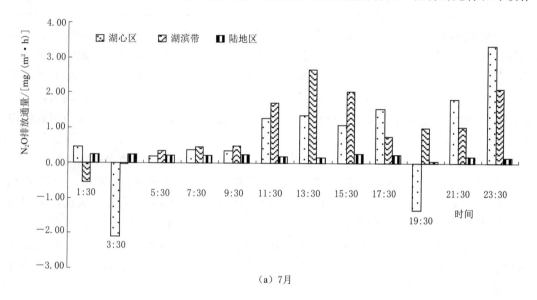

（a）7月

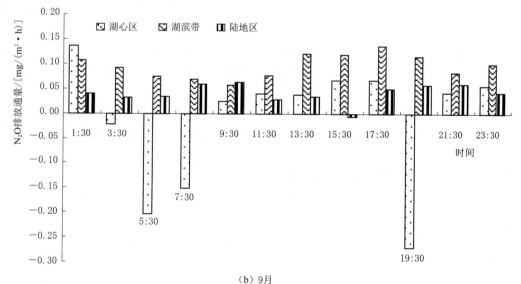

（b）9月

图5.11 N_2O 排放通量的日变化趋势图

用以及微生物的硝化和反硝化作用效率也都达到最大，进而影响了沉积物/土壤中氮素的转化过程，使得 N_2O 的排放通量增加；9 月，白洋淀湖泊湿地进入秋季，温度降低，降雨减少，植物由生长期过渡到成熟期，各种生理功能都在减弱，微生物的繁殖速率也逐渐降低，这些都是导致 N_2O 排放通量减少的因素。

表 5.3　　　　　　小杨家淀不同采样区 N_2O 日排放通量数值表　　　　单位：$mg/(m^2 \cdot h)$

月份	湖心区		湖滨带		陆地区	
	变化范围	平均值	变化范围	平均值	变化范围	平均值
7	−2.104～3.3456	0.692	−0.554～2.657	1.005	0.057～0.252	0.204
9	−0.271～0.136	−0.015	0.057～0.136	0.095	−0.007～0.063	0.041

研究发现，同一天不同区域 N_2O 的排放通量也不相同。7 月监测时间段内（24h），陆地区的 N_2O 排放通量相对较小，且变化范围也不大，而湖心区和湖滨带则表现出明显的变化趋势。湖心区在晚上 23：30 出现 N_2O 排放通量的峰值，之后的 4 个小时逐渐降低，凌晨 3：30 对 N_2O 表现为吸收，且通量为 $−2.104mg/(m^2 \cdot h)$；3：30 以后，湖心区 N_2O 排放通量呈现逐渐增加的趋势，直到达到最大值，但在 19：30 时出现负值的原因有待进一步验证。

湖滨带在监测期出现两次峰值，分别为 13：30 和 23：30，最低值出现在凌晨 1：30，通量为 $−0.554mg/(m^2 \cdot h)$。鉴于湖心区和湖滨带的 N_2O 排放通量都在晚上 23：30 出现一个峰值，其原因可能与气压变化有关，当时气压为 $1.009 \times 10^5 Pa$，是一天监测时间段内的最低值。由于大气压降低，溶解在水中的 N_2O 可逸出水体，使得湖心区和湖滨带 N_2O 排放通量在这一时刻出现峰值；也说明在其他条件变化不大的情况下，气压可能成为影响水体 N_2O 排放的主要因子。如果气压是 N_2O 排放的主要影响因素，将会对不同纬度地区 N_2O 的排放和评估具有重要意义。

9 月的监测结果显示，整个实验区 N_2O 的排放通量都很低，湖心区和陆地区没有明显的变化规律，湖滨带在 13：30—19：30 和 1：30—3：30 排放通量较大，可能由于温度和气压变化影响了 N_2O 的排放。无论是 7 月还是 9 月，湖滨带的 N_2O 排放通量都远高于湖心区和陆地区，说明湖滨带是白洋淀湖泊湿地 N_2O 产生和排放的主要区域。

通过对 7 月和 9 月各时刻 N_2O 排放通量与全天平均值相对偏差的计算比较发现，每天 9：30—13：30 时段内 N_2O 排放通量与全天的平均值较接近，为实验的采样时间提供了依据。

5.5.1.2　温度与湖滨带 N_2O 排放通量的关系

在一天 24h 的监测中，由于其他环境条件变化相对较小，使得温度成为影响 N_2O 排放的主要因子，图 5.12 是小杨家淀实验区湖滨带 N_2O 排放通量与温度变化的关系图。

从图 5.12 中可以看出，虽然 7 月温度变化相对较小，但它与 N_2O 的排放仍有较好的相关性，而 9 月日夜温差达到 20℃，温度对 N_2O 排放的影响更加明显。通过对这两天各时刻 N_2O 排放通量和温度的相关性分析得出，白洋淀湖泊湿地 N_2O 与温度呈极显著的正相关关系，相关系数为 0.619。

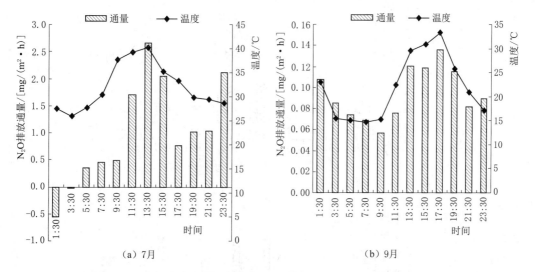

图 5.12　小杨家淀实验区湖滨带 N$_2$O 排放通量与温度变化的关系图

5.5.2　白洋淀湖泊湿地 N$_2$O 排放通量的年内变化特征

5.5.2.1　白洋淀湖泊湿地不同实验区 N$_2$O 的排放通量特征

与白洋淀湖泊湿地环境因子的变化特征相似，N$_2$O 排放通量也表现出明显的时空变化特征。从图 5.13 可以看出，白洋淀湖泊湿地不同实验区 N$_2$O 排放通量都表现出较一致的变化趋势，在时间上，N$_2$O 的排放量在夏季较大，8 月达到最大值；在空间上，湖滨带的 N$_2$O 排放通量大多数时间都大于湖心区和陆地区，说明湖滨带是白洋淀湖泊湿地 N$_2$O 排放通量的主要区域，与 N$_2$O 排放通量的日变化特征一致。

从不同实验区 N$_2$O 排放通量的多少可以看出，郭里口<小杨家淀<王家寨，这一关系与这三个实验区沉积物/土壤中的有机质以及全氮含量的关系相一致，说明有机质和氮素含量在一定程度上影响着 N$_2$O 的产生和排放。因为有机质可以为微生物的生长繁殖提供充足的碳源，特别是对参与反硝化作用的一些异养细菌，有机质不仅是碳源同时又能充当能源。侯爱新等（1997）研究发现土壤有机质含量与 N$_2$O 排放量呈正相关。

由于白洋淀湖泊湿地 N$_2$O 排放通量的变化趋势较一致，且郭里口实验区 N$_2$O 排放通量数据不全，因此，以下的分析均以小杨家淀实验区为例。

5.5.2.2　N$_2$O 排放通量的时间变化

由于温度、水分、氧气和微生物等环境和生物因素是影响 N$_2$O 排放的重要因子，而这些因子在北方变温区直接受到季节的影响，因此，季节的变化会导致白洋淀湖泊湿地 N$_2$O 排放量的改变，白洋淀湖泊湿地 N$_2$O 排放通量的时间变化见图 5.14。

由图 5.14 可以看出，白洋淀湖泊湿地 4 月 N$_2$O 排放通量较高，5 月以后 N$_2$O 排放通量呈现明显的时间变化，即在 5—8 月 N$_2$O 排放通量逐渐增加，8 月达到最大，9 月 N$_2$O 排放通量减少，10 月又出现小的峰值，之后呈现减少的趋势。

白洋淀湖泊湿地地处季节性变温区，每年随着冬季气温的降低，水和土壤开始结冰，

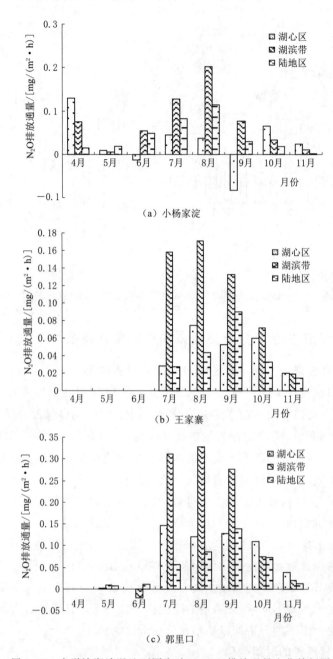

图 5.13　白洋淀湖泊湿地不同实验区 N_2O 排放通量变化特征图

直到第二年 2 月底，气温逐渐回升，湿地表层冻结土壤开始融化，水体中的冰层渐渐变薄消失。进入 4 月，经过冻融的湿地土壤孔隙结构发生变化，土壤水分含量较高，氧气供应减少，有利于反硝化过程的进行，冬季死亡微生物释放的 C 和 N 又为融冻期存活的微生物提供必要的养分，使得表层土壤微生物活性明显增加（Panikov et al.，2000；Schimel et al.，1996）。此外，冬季的冰层也阻碍了 N_2O 的扩散和排放，封闭在土壤中的 N_2O 随着冰雪融化重新释放出来。因此，融冻期是北方湖泊湿地一年中排放 N_2O 的一个重要时

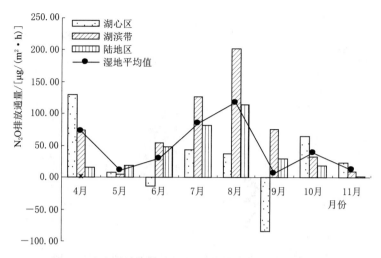

图 5.14 白洋淀湖泊湿地 N_2O 排放通量的时间变化图

期，白洋淀湖泊湿地在 4 月 N_2O 的排放量较高。

5 月是北方较干旱的季节，降雨稀少，干热风经常发生，导致土壤水分损失较快。同时，这个季节正是芦苇快速生长时期，大量的水分和养分被其发达的根系吸收供其生长利用，导致 N_2O 的产生和排放显著降低，这一结果与马秀梅等（2005）的研究相一致。

6 月以后，白洋淀湖泊湿地逐渐从干旱少雨的春季进入潮湿炎热的夏季，温度和降水都会逐渐增加，适宜的温度和土壤含水率使微生物代谢旺盛，硝化和反硝化作用加强，促进了 N_2O 的产生和排放。土壤温度通过影响微生物的代谢活动改变 N_2O 的产生和排放速率，郑循华（1997b）等的研究表明，N_2O 排放通量随表层土壤日均温度的变化呈正态分布。孙丽等（2006）在研究沼泽湿地 N_2O 排放通量特征中发现 N_2O 排放通量与土壤温度间呈显著的线性正相关（$P<0.001$，$n=64$）。Sommerfeld 等（1993）的研究也表明，土壤温度升高会促进 N_2O 的产生和排放。

进入 8 月，随着日平均温度达到全年最高值，白洋淀湖泊湿地的平均 N_2O 排放通量也达到最大，平均值为 $130.91\mu g/(m^2 \cdot h)$。之后，白洋淀日平均温度逐渐降低，$N_2O$ 排放通量也随之降低。但在 10 月却又出现较高的排放通量，分析原因可能是由于此时的芦苇已经完全成熟甚至已经开始枯黄，使得光合作用减少，影响了对沉积物/土壤 O_2 的输送，反硝化细菌活动深度变浅，利用表层充足的硝酸盐进行反硝化作用，进而增加了 N_2O 的产生和排放，具体原因还待进一步研究。

5.5.2.3 N_2O 排放通量的空间变化

在芦苇生长季中，随着时间的变化，白洋淀湖泊湿地 N_2O 的排放通量呈现明显的空间差异性，图 5.15 是白洋淀湖泊湿地 N_2O 排放通量的空间变化图。由图 5.15 可以看出，湖心区 N_2O 的排放通量除 4 月外都较低，且没有明显的变化规律，在 6 月和 9 月均出现负值；陆地区则呈现出较好的变化规律，随时间变化 N_2O 的排放通量平稳增加，8 月达到最大值后逐渐降低；湖滨带是 N_2O 排放通量变化最大的区域。

在 4 月湿地融冻期，白洋淀湖泊湿地 N_2O 的排放通量表现为：湖心区＞湖滨带＞陆

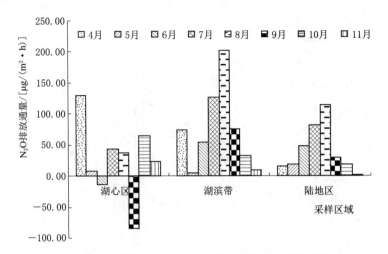

图 5.15 白洋淀湖泊湿地 N_2O 排放通量的空间变化图

地区。其原因主要有两方面：一方面由于冰层融化，封闭在土壤和水体中的 N_2O 得以释放；另一方面，由于温度的升高，刺激了微生物的繁殖和活动，土壤中积蓄一个冬天的有机质又为它们的活动提供了充足的营养，从而使得湖心区和湖滨带硝化、反硝化作用增强，促进了 N_2O 的排放，而陆地区上大量芦苇开始发芽，需要足够的 C、N 和水分，造成植物与微生物的营养竞争，从而表现为该区 N_2O 排放通量的偏低。

5 月时，由于北方温度升高、气候干燥，白洋淀水位开始下降，N_2O 的排放表现为：陆地区>湖心区>湖滨带。温度的升高促进了植物的生长，加速了微生物的活动，因此在陆地区表现出 N_2O 排放量的增加。而湖滨带是水陆交接的区域，芦苇生长密度少于陆地区，对土壤水分的滞留能力较弱，加上湖心区水位的下降，使得该区域土壤表层明显干化，土壤呈现氧化态，严重抑制了反硝化作用的进行，从而减少了 N_2O 的产生和排放。

6 月以后北方降雨逐渐增多，湖滨带土壤出现频繁的干湿交替现象，N_2O 的排放特征也表现为：湖滨带>陆地区>湖心区。湖滨带的干湿交替作用一方面保持了土壤的良好水分状况；另一方面创造了有利于硝化和反硝化作用的氧化还原条件。硝化产物为反硝化作用提供了充足的 $NO_3^- - N$ 源，促进了 N_2O 的生成和排放，使湖滨带成为白洋淀湖泊湿地 N_2O 排放通量最大的区域。陆地区生长旺盛的芦苇通过组织向根际输送氧气，在根际附近形成氧化区，将矿化形成的 $NH_4^+ - N$ 转化为 $NO_3^- - N$，生成的 $NO_3^- - N$ 通过浓度梯度扩散到远离根际的还原区进行反硝化反应，对 N_2O 的排放起到一定的促进作用，但仍小于湖滨带 N_2O 的排放通量。而湖心区由于长期处于淹水状况，不利于 N_2O 的产生和排放，所以表现为较小的 N_2O 排放通量。由此可知，在植物生长季节中，白洋淀湖泊湿地 N_2O 排放活跃区是处于水位变幅区的湖滨带。

5.5.3 白洋淀湖泊湿地环境条件与湖滨带 N_2O 排放通量的关系

5.5.3.1 土壤温度和水体 DO 与 N_2O 排放通量的关系

温度也是影响反硝化作用的重要因素之一。大量研究发现温度高的地方，反硝化速率也高，随着温度的降低反硝化速率明显变小。在各种浅水环境中，温度表现出强烈的季节

变化，有可能成为控制反硝化速率的主要因子。土壤温度影响微生物的代谢活动及硝化和反硝化过程。在一定温度范围内，土壤微生物的活性、硝化-反硝化速率和 N_2O 排放速率一般都随土壤温度升高而增加。有研究表明，在 $10\sim30℃$，随着土壤表层温度的升高，N_2O 的排放通量在不同程度上有一定的增加（郑循华等，1997b）。

由土壤温度和水体 DO 与湖滨带 N_2O 排放通量的关系图（图 5.16）可以看出，白洋淀湖泊湿地 N_2O 排放通量随温度的升高呈指数增加，主要是因为温度升高促进了硝化、反硝化细菌的生长，同时它们的各种活性也相应增加，促进了 N_2O 的产生和排放。

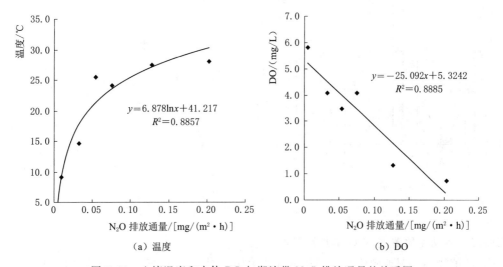

图 5.16　土壤温度和水体 DO 与湖滨带 N_2O 排放通量的关系图

DO 含量与 N_2O 排放通量则呈现负相关的关系，即随着沉积物/土壤中 O_2 含量的升高，N_2O 排放通量减少。DO 在微生物细胞新陈代谢过程中可与 NO_3^- 竞争成为电子受体，影响反硝化作用的进行。当氧气浓度足够低时，反硝化作用才会发生；DO 不足，微生物的繁殖和活性受到制约，影响反硝化反应。但是厌氧条件会抑制硝化反应的进行，使反硝化作用失去反应物质的源。因此，DO 的含量会影响 N_2O 的排放。

5.5.3.2　土壤含水率与 N_2O 排放通量的关系

土壤水分是土壤的重要组成部分，土壤中不断进行着的各种物质和能量的转换过程都必须在水分的参与下进行。水对所有微生物的生命过程都是必需的，当土壤含水率极低时，水的可利用性就会限制微生物过程，而当土壤含水率过高时，透气性则成为主要的调节因子（熊正琴等，2002）。因此，土壤水分含率直接影响硝化和反硝化过程，进而改变 N_2O 的排放量。当土壤含水率较小时，土壤呈氧化状态，有利于硝化作用并最终产生 NO_3^-；当土壤含水率太高时，土壤呈还原态，铵氮氧化酶活性受到抑制，N_2O 还原酶活性较高，有利于反硝化作用并最终生成 N_2；只有当土壤含水率处于中等水平时，硝化作用和反硝化作用产生 N_2O 的贡献几乎相当，会导致大量的 N_2O 生成与排放。

图 5.17（a）是白洋淀湖泊湿地湖滨带 4—11 月土壤含水率与 N_2O 排放通量的关系图，由于温度也是影响湿地 N_2O 排放的主要因子，所以要分析土壤含水率与 N_2O 排放的关系必须保证温度相对一致，而 5—10 月芦苇茂密，其丛中温度变化相对较小，每次采样

温度分别为 29.4℃、30.1℃、30.9℃、31.4℃、30.3℃和 29.1℃，所以选择这 6 个月的
数据进行分析，得出土壤含水率与 N_2O 排放通量的关系。由图 5.17 (b) 可见，白洋淀
湖泊湿地湖滨带 N_2O 的排放通量与土壤含水率的变化有着较好的相关性，即含水率在
35％～60％时，N_2O 的排放通量随土壤含水率的升高而增加。

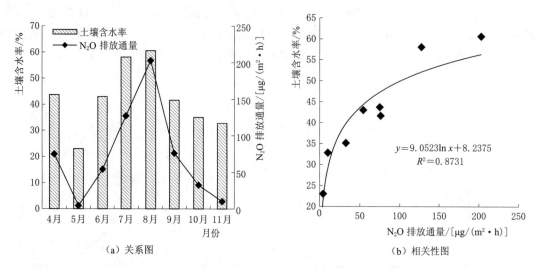

（a）关系图　　　　　　　　　　　（b）相关性图

图 5.17　土壤含水率与湖滨带 N_2O 排放通量的关系

5.5.3.3　芦苇生物量与 N_2O 排放通量的关系

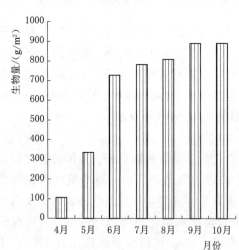

图 5.18　芦苇地上部生物量的变化图

大型植物会对湿地硝化和反硝化过程产生极大影响，有水生高等植物生长的水体，氮
素容易释放进入大气。白洋淀湖泊湿地主要的水生植物是芦苇，芦苇的生长状况会对
N_2O 的排放和传输过程产生影响，而生物量是直接反映植物生长状况的指标之一（Jiang
et al.，2003）。在实验期间逐月对芦苇地上部分的生物量进行了测定，图 5.18 是实验期芦
苇地上部生物量的变化图。

由图 5.18 可知，在生长季节初期，芦苇地上生物量较小，5 月芦苇叶片形态基本建
成，而其群落郁闭度还未达到最大值，此时芦苇的叶片生长发育进入光合作用最佳时期，
生物量迅速增加。进入 6 月，群落郁闭度逐渐达到最大，芦苇地上生物量的增加速度变缓，
在 9 月芦苇地上生物量达到最大。植物的大量
生长，使根系残落物和分泌物在一定程度上改变了土壤理化性质，促进了土壤中的微生物
活动过程，尤其会促使反硝化作用增强（张秀君等，2002），提高 N_2O 的排放量。
Seastedt 认为，植物生物量与氮的气体排放通量密切相关（Seastedt et al.，1991），此外，
Groffman 等（1997）也证实了含氮气体与生物量呈现较强的相关关系。

图 5.19 是芦苇地上部鲜重增长量与 N_2O 排放通量的关系。在整个观测期间，芦苇的鲜重增长量在 5 月达到最高，平均为 13.09g/(m²·d)，此时为芦苇的快速生长期，需要大量的吸收水分和营养成分完成其正常的生理活动，而进入成熟期后，对各种元素的需求相对减少。芦苇生物增长量与 N_2O 的排放通量呈现负相关性，回归拟合方程为 $y = -0.0066x + 0.1004$（$R^2 = 0.6545$）。此现象的发生可能是由于芦苇与土壤中微生物成为水分、有机质等的竞争者。在必需营养元素中，碳和氧来自空气中的二氧化碳；氢和氧可来自水，而其他的必需营养元素几乎全部来自土壤。根系呼吸作用释放 CO_2、根尖细胞伸长过程中分泌的质子和有机酸等都会使根际土壤 pH 出现升高或降

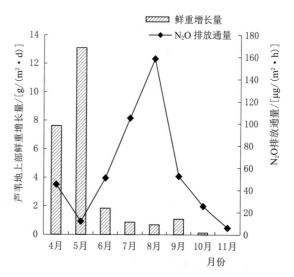

图 5.19 芦苇地上部鲜重增长量与
N_2O 排放通量的关系图

低，而硝化细菌对 pH 十分敏感，亚硝化细菌、硝化细菌和反硝化细菌的最适反应 pH 范围分别为 7.0～7.8、7.7～8.1 和 7.0～8.5。芦苇的蒸腾作用也增加了对土壤水分的吸收，使得土壤通气环境改善，根际环境中氧气含量增高，促进了植物的有氧呼吸，有利于植物对养分的吸收，而抑制了反硝化细菌的活性。

5.5.3.4 水中 $NO_2^- - N$ 与 N_2O 排放通量的关系

氮素是 N_2O 产生的直接根源，随氮素输入量的增多，湿地 N_2O 的排放通量呈指数增加（张丽华等，2007）。通常认为 N_2O 主要在反硝化过程中产生，所以对反硝化作用的底物硝态氮研究较多，Regina 等（1999）、Liikanen 等（2003）和梁东丽等（2007）都曾报道硝酸盐氮是 N_2O 产生和排放的主要影响因子。然而，由反硝化过程可知，N_2O 是由 HNO_2 直接还原脱水产生，所以亚硝态氮与 N_2O 产生的关系可能更加密切。

图 5.20 是水中亚硝酸盐与 N_2O 排放通量的关系图。由图 5.20 可以看出，白洋淀湖泊湿地水中 $NO_2^- - N$ 与 N_2O 的排放有很好的相关性，随着 $NO_2^- - N$ 浓度的增加 N_2O 的排放量呈对数增长。Bremner 等（1978）的研究曾指出，NH_4^+ 的硝化过程也可以产生 N_2O，其原因可能是硝化作用的中间产物主要为 $NO_2^- - N$，$NO_2^- - N$ 促进了 N_2O 的产生和排放。由此是否可以说明水中 NO_2^- 的浓度可以作为 N_2O 排放的预测指标，还待研究。

5.5.3.5 相关细菌与 N_2O 排放通量的关系

湿地氮素循环主要是硝化作用和反硝化作用综合作用的结果，与这两个过程相关的生物因素主要是湿地微生物和湿地植物。其中，湿地植物间接作用于反硝化过程，为微生物提供适宜的微环境，而湿地微生物则是反硝化作用的主要执行者，对湿地的脱氮过程起着直接的作用。因此，湿地硝化细菌、反硝化细菌以及硝化强度和反硝化强度可能是影响 N_2O 排放的主要因素。

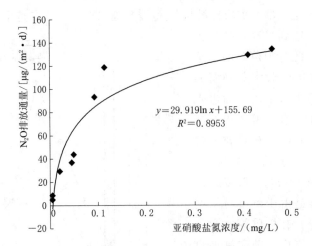

图 5.20　亚硝酸盐氮与 N_2O 排放通量的关系

图 5.21 是硝化细菌和反硝化细菌数量与 N_2O 排放通量关系图。由图 5.21 可知，白洋淀湖泊湿地 N_2O 的排放通量与硝化细菌和反硝化细菌均呈现出很好的正相关关系。这说明在白洋淀湖泊湿地中，沉积物/土壤内硝化细菌和反硝化细菌的数量是影响 N_2O 产生和排放的重要因子之一。

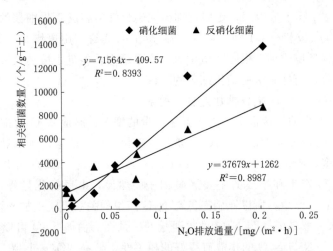

图 5.21　硝化细菌与反硝化细菌数量与 N_2O 排放通量的关系

湿地中氮的去除需分两步进行，第一步氨氧化成硝酸盐，即硝化作用；第二步是硝酸盐还原成 N_2O 或 N_2，即反硝化作用，因此硝化作用和反硝化作用是 N_2O 产生和排放不可缺少的两个过程。硝化强度和反硝化强度与 N_2O 排放通量的方程式，分别为 $y=0.4732e^{22.426x}$（$R^2=0.8188$）和 $y=0.117e^{33.641x}$（$R^2=0.7633$）。通常认为反硝化作用是决定 N_2O 产生和排放的关键过程，但经过实验分析得出硝化作用可能对 N_2O 的产生和排放的贡献更大。可能原因是反硝化细菌只有在缺氧条件下，利用充足的 NO_3^- 或 NO_2^- 为电子受体才能使之还原成 N_2O，而硝化作用的产物就是 NO_3^- 或 NO_2^-，因此，硝化作用成为反硝化作用的制约条件，进而使得硝化强度与 N_2O 排放通量的相关性更好。

5.6 白洋淀湖泊湿地 CO_2、CH_4 和 N_2O 排放的相互关系

相同环境条件下的 CO_2、CH_4 和 N_2O 三种温室气体的排放必然会有相互关系存在。图 5.22 为小杨家淀不同区域 CO_2、CH_4 和 N_2O 排放通量变化图。在湖心区由于长期淹水，且无大型水生植物生长，其环境条件相对单一，沉积物处于厌氧环境中，只有 CH_4 有明显的排放、吸收变化，而 N_2O 和 CO_2 的排放变化很小，特别是在 6—10 月较长一段时间内，三种温室气体的排放通量变化规律相差较大。陆地区的环境基本与湖心区相反，含水率在 12.8%～24.2% 范围变化，且生长有茂密的芦苇，使得土壤在 10cm 以上基本处于相对氧化环境，抑制了 CH_4 的排放，但并不影响 N_2O 和 CO_2 的排放，且二者的变化规律大致相似。湖滨带是白洋淀湖泊湿地环境相对最为复杂的区域，此处水位变化频繁，碳、氮等营养物质丰富，微生物种类和数量较多，这些都为温室气体的排放提供了良好的条件，使三种温室气体的排放通量变化规律基本一致。

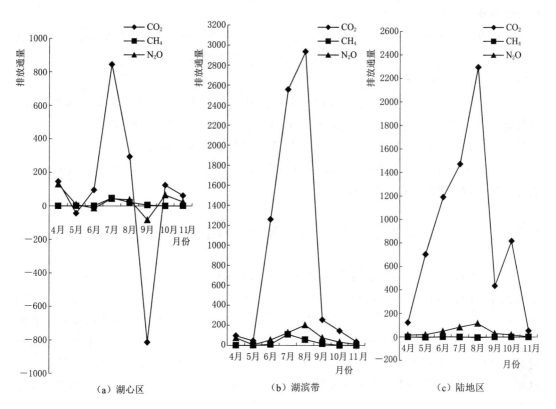

图 5.22 小杨家淀不同区域 CO_2、CH_4 和 N_2O 排放通量变化图

[排放通量单位：CO_2 和 CH_4 为 $mg/(m^2 \cdot h)$；N_2O 为 $\mu g/(m^2 \cdot h)$]

对白洋淀湖泊湿地湖心区、湖滨带和陆地区三种气体的排放通量进行了相关分析，结果见表 5.4。湖心区温室气体排放通量间的相关性不明显，而陆地区的 N_2O 和 CO_2 排放通量在极显著水平上呈正相关，但与 CH_4 排放通量没有相关性。由于湖滨带是白洋淀湖

泊湿地 N_2O 和 CH_4 排放的主要区域，CO_2 的排放也仅次于陆地区，因此，三者间存在较好的相关性。

表 5.4 N_2O、CH_4 和 CO_2 排放通量间的相关性

温室气体	湖 心 区			湖 滨 带			陆 地 区		
	N_2O	CH_4	CO_2	N_2O	CH_4	CO_2	N_2O	CH_4	CO_2
N_2O	1	0.057	0.633	1	0.727*	0.878**	1	−0.578	0.950**
CH_4		1	0.652		1	0.864**		1	−0.615
CO_2			1			1			1

*   相关性显著；**   相关性极显著。

产生这种相关性的原因可能主要与环境条件相关，因为湿地三种温室气体的产生和排放都受环境条件的直接影响，如温度、土壤含水率、生物生长等。温度条件是影响湿地温室气体排放通量季节变化的主要因素，白洋淀湖泊湿地 N_2O、CH_4 和 CO_2 的排放通量都与温度存在着显著的正相关。

N_2O、CH_4 和 CO_2 的排放均受土壤水分状况的驱动，而且土壤中微生物需要从有机质分解中获得能量和基质，土壤中氮的矿化和迁移转化亦与土壤有机质的分解紧密相连。所以湿地 N_2O、CH_4 和 CO_2 的排放密切相关。

湖滨带生长的芦苇也为温室气体的产生和排放创造了条件。生长季芦苇凋落物分解、根系分泌物及根际共生体的作用促进了土壤 CO_2 和 CH_4 的排放；与此同时，植物根系的生长，根系残落物和分泌物一定程度上改变了土壤理化性质，促进了沉积物/土壤中微生物过程和 N_2O 排放，尤其会促使反硝化作用增强，因此，湿地 N_2O、CH_4 和 CO_2 的排放都与植物根系的生长状况密切相关。

5.7   白洋淀湖泊湿地 CO_2、CH_4 和 N_2O 排放量估算

N_2O、CH_4 和 CO_2 作为最主要的温室气体和全球碳氮循环中的重要环节，一直以来都被世界各国政府机构与广大研究者所关注（Lal，2004；马秀梅等，2005；孙成权等，2002），但对其排放量的估算研究多集中于农田和沼泽，对湿地温室气体排放量的估算研究还很少。研究发现，白洋淀湖泊湿地中 N_2O、CH_4 和 CO_2 的排放都表现出较高的排放通量，特别是在有植被生长的湖滨带区域。湖滨带是连接水体和陆地的枢纽，在流域中可以成为大部分污染物的汇，具有丰富的碳氮源，其面积虽小，但可能是温室气体的重要排放源。

我国拥有 65.94 万 km^2 的湿地，约占世界湿地面积的 10%，尽管其植被型湖滨带的面积很小，但其温室气体的排放通量不可低估。同时，随着我国淡水水体生态修复的全面展开，植被型湖滨带的面积逐渐增加，恢复后的湖滨带生态系统有助于水体污染物的去除，同时也可能增加温室气体的排放。为此，对白洋淀湖泊湿地温室气体 N_2O、CH_4 和 CO_2 的排放量进行初步估算，为今后此方面的研究提供参考。

5.7.1　温室气体排放总量的估算方法

对于较大区域温室气体排放总量的估算多采用模型，或采用温室气体排放通量乘以耕地面积而得，后者因未考虑年内温室气体排放的季节变化、空间异质性和气候、农业措施对排放的影响，估算结果精度较低，但有一定参考价值（张玉铭等，2004）。本书对白洋淀湖泊湿地温室气体 N_2O、CH_4 和 CO_2 的排放量的估算采用最简单和常用的方法，即在野外实测的基础上用式（5-3）计算（丁维新等，2004）：

$$M_i = F_i A_i D_i \qquad (5-3)$$

式中：M_i 为温室气体 i 的排放总量，t；F_i 为温室气体 i 的排放通量，$mg/(m^2 \cdot h)$；A_i 为温室气体 i 排放区域的面积，m^2；D_i 为温室气体 i 排放的时间，d。

5.7.2　白洋淀湖泊湿地温室气体排放量的初步估算

由于本书主要以水域和湿地为研究对象，且湿地面积大小不等，因此，根据对四个实验区的实际测量计算得出白洋淀湖泊湿地水域、湖滨带和陆地区的大概面积用于温室气体排放量的估算。

因白洋淀湖泊湿地温室气体 N_2O、CH_4 和 CO_2 的排放通量都表现出明显的季节变化特征，且不同实验区同一时间的通量数值不同，故将各实验区同一采样区 N_2O、CH_4 和 CO_2 的排放通量进行平均，以获得白洋淀湖泊湿地 N_2O、CH_4 和 CO_2 的排放通量，进而对其一年的排放总量进行初步估算，结果见表5.5。

表5.5　　　　　　　　　　不同湿地温室气体排放量的比较

地点	区域	面积 /m^2	N_2O 平均通量 /$[mg/(m^2 \cdot h)]$	N_2O 总量 /t	CH_4 平均通量 /$[mg/(m^2 \cdot h)]$	CH_4 总量 /t	CO_2 平均通量 /$[mg/(m^2 \cdot h)]$	CO_2 总量 /t
白洋淀湖泊湿地	水域	183000	0.055	0.088	13.386	21.459	111.446	178.658
	陆地	85644	0.046	0.034	−0.548	−0.411	957.751	718.545
	湖滨带	46116	0.108	0.044	40.863	16.508	692.353	279.694
	总计	366000		0.166		37.556		1176.897
太湖梅梁湾	水域		0.021		0.4			
	陆地		0.135		0.1			
	湖滨带		0.602		12.6			
三江平原沼泽湿地	总计	2415			39.280	0.831		
内蒙古沼泽湿地	总计	1863			21.174	0.346		

注　表中数值根据参考文献重新计算获得。

　　湖滨带虽然在湿地中所占面积很少，但其温室气体的排放量却不可小视，尤其是 N_2O 和 CH_4 的排放量。在白洋淀湖泊湿地中湖滨带的面积只有整个湖泊湿地面积的 12.6%，但其 N_2O、CH_4 和 CO_2 的排放量分别占总排放量的 26.51%、43.96% 和 23.76%，可见湖滨带在湿地温室气体排放中具有不可忽视的作用。

第 6 章

结论及展望

6.1 主要研究结论

本书以白洋淀湖泊湿地沉积物/土壤、表层水为研究对象，围绕金属元素、稀土元素、PAHs 等典型污染物展开研究，对研究区域内污染物的特征水平、污染来源、环境风险进行探讨分析；并针对白洋淀富营养化问题，围绕湿地特征因子、氮素、碳素的时空变化特征和影响因素，揭示了白洋淀湿地氮素的生物地球化学过程及温室气体的排放通量，得出的研究结论主要包括以下四个方面。

（1）围绕白洋淀湖泊湿地沉积物、水体中的 14 种金属元素和稀土元素展开相关研究，所得结论如下：

1）白洋淀表层水体中 14 种金属（Li、V、Cr、Mn、Fe、Co、Ni、Cu、Zn、Se、Sr、Cd、Ba、Pb）的浓度均符合《地表水环境质量标准》（GB 3838—2002）和《生活饮用水卫生标准》（GB 5749—2006）规定的标准限值。

2）水体中金属对不同敏感人群的健康风险评价结果说明，Li、V、Mn、Co、Ni、Cu、Zn、Ba 和 Pb 产生的平均个人年非致癌风险均可忽略，不会对人体健康产生明显的危害。Cd 产生的人均致癌年风险低于各个机构推荐的风险值，Cr 的人均致癌年风险小于 US EPA 和 ICRP 推荐的可接受的风险水平，但比瑞典、荷兰和英国各环境机构推荐的最大可接受风险水平高出一个数量级。Cr 产生的致癌风险值比 Cd 高三个数量级，是主要的致癌元素。

3）白洋淀沉积物中 Cr、Ni、Cu、Zn、Cd 和 Pb 六种金属的浓度分别为 62.5mg/kg、29.1mg/kg、26.5mg/kg、51.9mg/kg、0.23mg/kg 和 23.1mg/kg。六种金属的浓度不同程度的超过了河北省土壤背景值，但是低于我国其他湖泊沉积物中金属的浓度。

4）白洋淀沉积物中 Cr、Ni、Cu、Zn、Cd 和 Pb 六种金属的地球化学基线值分别是 63.0mg/kg、27.8mg/kg、24.7mg/kg、46.1mg/kg、0.18mg/kg 和 22.0mg/kg。Cr 和 Ni 的地球化学基线值小于河北省土壤背景值，但是 Cu、Cd 和 Pb 的基线值高于河北省土壤背景值。除 Cd 外，其余金属的人为贡献率均小于 20%，且 Cd 的主要人为来源类型为点源污染。

5）地累积指数、潜在生态风险指数和富集因子综合评价结果显示，白洋淀沉积物未

受金属污染，金属产生的生态风险较低。

6) 铅同位素比值结果表明，白洋淀沉积物中的 Pb 主要为自然来源，与人为贡献率结果一致。煤炭燃烧是研究区域内 Pb 主要的人为来源，大气沉降是白洋淀沉积物中 Pb 的主要运输途径，因此，未来应优先控制煤炭燃烧和频繁的人类活动。

7) 白洋淀沉积物再悬浮过程中重金属 Cr、Ni、Cu、Zn、Cd 和 Pb 在鱼体中的累积浓度分别为 $0.038\mu g/g$、$0.159\mu g/g$、$0.02\mu g/g$、$0.123\mu g/g$、$0.005\mu g/g$ 和 $0.008\mu g/g$。该浓度值远低于《无公害食品水产品中有毒有害物质的限量标准》（NY 5073—2006）以及《食品安全国家标准　食品中污染物限量》（GB 2762—2012）的规定。鱼体中富集的重金属通过食物链进入人体后，不会对人体产生健康风险。

8) 白洋淀沉积物中非常规监测金属元素 Co、Mo、Tl 和 V 平均含量分别为 12.40mg/kg、1.34mg/kg、0.61mg/kg 和 82.21mg/kg。与河北省土壤中金属元素的浓度相当或略高。地累积指数评价结果表明白洋淀沉积物中这四种金属处于无污染状态。

9) 白洋淀沉积物中稀土元素（La、Ce、Pr、Nd、Sm、Eu、Gd、Tb、Dy、Ho、Er、Tm、Yb、Lu、Sc、Y）中 La、Ce、Pr、Dy、Er、Yb 的浓度均低于河北省土壤背景值，其他稀土元素的浓度是河北省土壤背景值的 1.02～1.76 倍。稀土元素的分布模式说明白洋淀沉积物中重稀土发生了分馏，轻稀土相对富集。地累积指数评价结果表明 Ce 处于无污染到中度污染水平；Ho 处于中度污染水平，其他金属处于无污染水平。

（2）以白洋淀土壤/沉积物为研究对象，对其 PAHs 的污染特征及生态环境风险展开探讨，所得主要结论如下：

1) 白洋淀表层土壤中 16 种 PAHs 总含量范围为 146～645.9ng/g，平均含量为 417.4ng/g，土壤已受到一定程度的 PAHs 污染。PAHs 进入土壤后主要富集在表层土壤中，亚表层土壤中 PAHs 含量较低，以萘、菲等低环（2～3 环）PAHs 为主。人类耕作活动及生物扰动是影响表层土壤 PAHs 分布的重要因素，而土壤有机碳含量则对 PAHs 在亚表层土壤中分布起到一定控制作用。生物质和煤的燃烧是白洋淀表层土壤中 PAHs 的主要来源，这与当地秸秆焚烧、薪柴烹饪、供暖以及生活燃煤等人类活动密切相关。

2) 白洋淀表层沉积物中 PAHs 总含量范围为 324.6～1738.5ng/g，均值和中位数分别为 588.8ng/g 和 527.7ng/g。空间分布不均，淀区西部污染程度高于东部地区。污染水平的差异是由流域内人类活动强度差异造成的，而空间分布特征取决于湿地周边河流的输入、距离污染源远近以及内部点源污染等因素。主要的 6 种优势 PAHs 组分为 Nap（13.6%）、Phe（13.4%）、Fla（10.6%）、Flo（8.5%）、BkF（8.5%）和 Pyr（8.3%）。2 环、3 环、4 环、5 环和 6 环 PAHs 含量分别占总量的 13.6%、29.0%、24.0%、24.6% 和 8.8%。主要来源为生物质和煤炭的燃烧，部分区域存在以燃油与木材和煤燃烧混合来源的特征。

3) 商值法分析结果表明，白洋淀水体沉积物中 Phe、Pyr、BaA、Flo、Fla、Nap、BaP 和 Ant 8 种 PAHs 都具有潜在的生态风险。利用概率密度函数重叠面积和联合概率曲线两种概率风险评价法分析这 8 种典型 PAHs 对水生生物造成的风险，证实 Ant、Pyr 和 Fla 为 3 种风险较高的化合物，危害概率分别为 6.02×10^2、2.68×10^2 和 1.90×10^2。基于"等效浓度"概念，获得的 8 种 PAHs 联合作用的总生态风险危害居中，危害概率为

1.05×10^{2}。

（3）作为华北地区最大的湿地系统，白洋淀湖泊湿地内氮素生物地球化学过程的相关研究结论如下：

1）白洋淀湖泊湿地的水体温度表现出明显的季节变化，水温范围为 0～32.0℃，在12月出现最低温，8月达到最高温度。尽管白洋淀整体水温差异不大，但湖心区和湖滨带的水温仍有不同，在植物生长季，湖滨带的水温均低于湖心区水体温度。

2）由于污水流经的影响使白洋淀湖泊湿地水体 DO 含量出现明显的空间变化，表现为：安新桥＜小杨家淀＜王家寨＜郭里口。虽然4个不同实验区水体 DO 含量有所不同，但时间变化趋势大致相似，均在温度最高的8月达到最低含量，而在温度最低的12月含量最高。在整个实验期，湖滨带水体 DO 含量均低于湖心区，说明湖滨带发生的氧化过程多于其他两个采样区。

3）在白洋淀湖泊湿地中，4个实验区水中 pH 的变化特征不明显，安新桥和小杨家淀实验区水中 pH 变化较大，为 7.60～9.30，且无明显规律性，而王家寨和郭里口实验区水中 pH 的变化范围较小，为 7.80～8.48。在空间上，湖心区水中 pH 高于湖滨带。可能原因如下：一方面，浮游植物光合作用导致水体 pH 上升；另一方面，湖滨带大量生长的芦苇在新陈代谢过程中分泌部分酸性物质，而且湖滨区的微生物数量和种类都多于湖心区，对底质中有机质的降解作用强于湖心区。

4）白洋淀湖泊湿地4个不同实验区水中的 COD_{Mn} 随污水的流经方向呈现明显的空间变化，即安新桥＞小杨家淀＞王家寨＞郭里口。在时间上，白洋淀湖泊湿地水中 COD_{Mn} 的变化特征表现为4月和12月较高，5—10月在相对较低的水平波动。4月和12月白洋淀湖泊湿地的温度都较低，各种生物的生命活动减缓或停止，使得水中还原性污染物的转化过程受到影响；而在5—10月适宜的温度时，湿地中各种生物的新陈代谢活动加强，有助于还原性污染物的转化。

5）白洋淀湖泊湿地各实验区湖心区沉积物/土壤中有机质的垂直分布规律大致相似，均为随深度增加而减少，这与有机质输入量由上向下依次减少的特征相一致；水平分布表现为王家寨的沉积物中有机质含量高于郭里口和小杨家淀；白洋淀湖泊湿地三个不同采样区沉积物/土壤中有机质的变化表现为：陆地区＞湖心区＞湖滨带，因此，湖滨带可能是白洋淀湖泊湿地有机质降解的主要区域；在时间上，白洋淀湖泊湿地沉积物/土壤中有机质的变化呈现为：4—7月逐渐减少，8—11月重新积累增加。

6）白洋淀实验区沉积物/土壤全磷的垂直分布和空间分布特征与有机质类似，也表现为由表层向下不断减少的趋势，季节动态变化表现为先减后增的趋势。

7）白洋淀湖泊湿地沉积物/土壤中细菌总数有着明显的时空变化特征。从空间上看，细菌总数表现为：湖心区＜陆地区＜湖滨带；从时间上看，细菌总量随着温度的升高而增多，随温度下降，细菌总量又呈现减少的趋势。细菌的这种季节变化特征与白洋淀湖泊湿地沉积物/土壤中有机质和全磷含量的变化正相反，说明细菌是参与生源要素循环的主要成员。

8）白洋淀湖泊湿地氮素污染主要以 NH_4^+—N 为主，但其随着水体的稀释、沿途植物的吸收以及 NH_4^+—N 的沉降和微生物的降解转化，水中 NH_4^+—N 迅速降低，达到Ⅰ

类水标准。

9）白洋淀湖泊湿地沉积物中的全氮含量在垂直分布上表现出较好的一致性，均随深度增加而减少。这一方面说明白洋淀湖泊湿地仍是氮素的"汇"；另一方面也表明，4～6cm 的深度可能是白洋淀湖泊湿地微生物降解有机氮的一个活跃区，相关结论有待进一步研究。

10）水中高浓度的 NH_4^+—N 和 NO_2^-—N 亚硝态氮都说明，夏季时白洋淀湖泊湿地中的反硝化过程可能强于硝化过程，以至硝化作用生成的 NO_3^-—N 很快被消耗。

11）白洋淀湖泊湿地湖心区沉积物中的物质转换过程相对单一，氮素的变化比较平稳；湖滨带是水位频繁交替的区域，该区域水分充足、氧化还原条件适宜，是多种微生物大量聚集生长的区域。所以，湖滨带沉积物/土壤中全氮的含量是整个白洋淀湖泊湿地生态系统中变化最大、含量最低的区域，是氮素生物地球化学过程的活跃区；陆地区周围环境的物质交换相对湖心区和湖滨带都少，因此陆地区土壤全氮的含量相对湖心区和湖滨带最高。

12）白洋淀湖泊湿地中硝化细菌、亚硝化细菌和反硝化细菌呈现明显的季节变化且其趋势相一致，均呈现 4～6 月缓慢增多，6 月以后快速达到最大值，并在 7—8 月保持较多的数量，9 月以后开始逐渐减少。原因主要是 6—9 月正值北方的夏秋季节，温度较高、湿度适宜，是各种细菌快速繁殖的最佳时期，参与氮素循环的各种细菌也在数量上达到较高的水平。而在春季和冬季北方温度较低，限制了各种微生物的生长。

13）硝化细菌是对 O_2 含量要求较高的细菌，而反硝化细菌多数为厌氧或兼性厌氧菌，因此白洋淀湖泊湿地中硝化细菌、亚硝化细菌和反硝化细菌表现出不同的空间分布趋势。从湖心到湖滨带再到陆地区，硝化细菌数量逐渐增多，而反硝化细菌数量逐渐减少。

14）参与硝化作用的亚硝化细菌和硝化细菌主要是以 CO_2 为碳源的化能自养型细菌，但其功能各不相同。白洋淀沉积物/土壤中的硝化细菌数量大约比亚硝化细菌的数量高 2 个数量级，这种分布符合自然生态系统的特点，有利于亚硝酸盐的快速氧化，避免因亚硝酸盐积累而引起的生物毒害作用。

15）不同的环境因子影响微生物的数量、活性和群落结构，其中土壤水分和温度是影响白洋淀湖泊湿地中硝化细菌、亚硝化细菌和反硝化细菌数量的主要因素。由于土壤含水率的大小直接影响土壤 O_2 含量的多少，从而促进或抑制硝化细菌和反硝化细菌的生长繁殖，随着土壤含水率的增加，白洋淀湖泊湿地中硝化细菌数量呈现减少的趋势，而反硝化细菌则增加；硝化细菌和反硝化细菌的最适生长温度为 25～35℃，两种细菌的数量与土壤温度呈现出指数增长的关系。

16）温度是影响硝化强度和反硝化强度的重要因素，因此，在温度较高的 7 月，小杨家淀实验区各点的硝化和反硝化强度都很高，特别是反硝化强度，是 4 月和 11 月的 40～50 倍，这就导致白洋淀 N_2O 的排放量在夏季达到最大。从空间上看，点 X2 和点 X3 处的硝化强度和反硝化强度基本相似，因此，湖滨带（点 X2 和点 X3）是白洋淀湖泊湿地脱氮最活跃的区域。

17）小杨家淀 6 个采样点虽然土壤含水率、有机质和全氮含量都不相同，但只有土壤温度和含水率是影响白洋淀湖泊湿地硝化和反硝化强度的主要因素，而其他因素与硝化和反硝化强度的相关性不显著。

（4）围绕白洋淀湖泊湿地对大气环境的影响，开展系统内温室气体排放通量研究，所得主要研究结论如下：

1）在为期一年的观测期间，白洋淀湖泊湿地温室气体 N_2O 的排放通量变化范围在 $-0.084 \sim 0.328mg/(m^2 \cdot h)$，排放通量最高值出现在 8 月（夏季），且湖滨带是 N_2O 排放的核心区，年均排放通量高达 $0.109mg/(m^2 \cdot h)$，是湖心区和陆地区的 $3 \sim 5$ 倍。通过 7 月和 9 月 N_2O 排放通量的日变化观测可以看出，尽管在 9 月 N_2O 排放通量很小，但与 7 月监测结果相似，湖滨带的 N_2O 排放通量仍高于湖心区和陆地区。

2）白洋淀湖泊湿地湖滨带富集了大量的有机物，因此，温室气体 CH_4 和 CO_2 也有极高的排放量。与 N_2O 相同，湖滨带是 CH_4 排放的核心区，年排放通量达 $40.863mg/(m^2 \cdot h)$，是湖心区的 3 倍；尽管 CO_2 排放的主要区域是陆地区，年均排放通量高达 $957.751mg/(m^2 \cdot h)$，但湖滨带 CO_2 排放通量也很高，仅次于陆地区，年均通量为 $692.353mg/(m^2 \cdot h)$。

3）对三种温室气体排放量进行初步估算，发现湖滨带虽然在湿地中所占面积很少，但其温室气体的排放量却不可小视。在白洋淀湖泊湿地中湖滨带的面积只有整个湖泊湿地面积的 12.6%，但其 N_2O、CH_4 和 CO_2 的排放量分别占总排放量的 26.51%、43.96% 和 23.76%。

4）温度、DO 和土壤含水率都是反硝化作用的限制因子，低温、高 DO、低含水率会抑制反硝化菌生长，影响反硝化强度，从而限制 N_2O 的产生和排放。

5）湿地生物对 N_2O 的产生和排放起着重要的影响作用。大型水生植物对氮素的吸收，促进了有机氮的降解转化，而湿地微生物是氮素转化过程的主要执行者，它们的生长状况和生命活性直接或间接的影响 N_2O 的排放。

6）湿地水环境中 $NO_2^- —N$ 浓度与 N_2O 的产生和排放关系密切，随着 $NO_2^- —N$ 浓度的增加 N_2O 的排放通量呈对数增长。

6.2 研究展望

本书所得结果可为当今白洋淀湿地污染物变化趋势研究提供数据参考，也可为白洋淀生态环境治理工作取得成效提供考量依据，但由于本书开展时间较早，且可能受到实验条件、天气情况等因素的影响，仍存在些许不足，在此处对今后白洋淀湿地污染物相关研究工作的着眼方向进行简要阐述，以期为湿地水环境改善和生态环境保护提供有力依据。

本书中研究及以往研究只针对白洋淀部分区域开展采样研究重金属污染信息，未来应对白洋淀整个区域展开全面研究，筛选出重点污染区域并对其采取相应的治理措施；不同价态的金属产生的毒性不尽相同，因此当进一步深入开展重金属的不同价态研究，获取不同价态金属在白洋淀水环境中的地球化学过程信息，从而对污染治理提供科学依据和技术支撑。

针对白洋淀多介质环境中 PAHs 环境行为的复杂性，进一步深入研究控制湿地体系中污染物分布的主要因素和关键过程，如开展大气-水体-沉积物交换模型的研究，获得

PAHs 在不同介质中的迁移转化规律；开展 PAHs 源排放特征研究，获得白洋淀湿地 PAHs 源成分谱信息，为更好地开展 PAHs 来源解析研究提供基础信息；开展 PAHs 化合物颗粒物-水分配机理研究，获得表征有机碳归一化分配系数 K_{oc} 与辛醇-水分配系数 K_{ow} 之间关系的线性自由能方程；扩展经典平衡分配模型，建立含炭黑（PSC）相的湖泊湿地 PAHs 颗粒物-水分配模型；开展炭黑对湖泊湿地 PAHs 迁移及归趋的影响机制研究，从而为湖泊污染物环境行为和生态风险研究提供支持。

氮素在各种形态不断转化的过程中，生物作用是一个核心环节，本书中只对微生物数量和硝化、反硝化强度进行了研究，缺少对生物及其酶的种类、活性等方面的研究工作，因此对湿地氮素生物地球化学过程评价不是很全面，今后可以对白洋淀湖泊湿地微生物进行更加深入的研究；白洋淀湖泊湿地氮素生物地球化学过程涉及复杂的物理、化学、生物等自然过程，其影响因素是多方面的，其来源有人为和自然来源等多种途径，因此，要准确定量湿地氮素的矿化、硝化和反硝化速率，需要通过先进的科技手段，例如同位素示踪，进一步细化湿地氮素的生物地球化学过程，建立湿地氮素的生物地球化学循环模型等，为湿地系统除氮机理提供更完善的理论依据。

我国对湖泊湿地温室气体排放的研究还不多，要解释湖泊湿地是温室气体的源/汇问题，必须对其进行长期高频次的观测，且观测频次要加大；在观测实验的基础上建立良好的经验模型和数字模型以期比较准确地估算温室气体的年排放量，并对排放总量作出预测。

目前对温室气体的研究多采用静态箱法测定气体通量，该方法不仅在每次采样前需要进行大量的准备工作，而且为了保证气体的正常排放，不能对同一地点进行连续监测，因此，在野外观测点和观测频次的设计方面受到很大的限制，故相对自动化的监测仪器进行长期多频率的观测对温室气体的影响研究起到较大的促进作用。

参 考 文 献

艾慧，郭得恩. 地下水超采威胁华北平原. 生态经济，2018，34（8）：10－13.

安新县地方志编纂委员会. 白洋淀志. 北京：中国书店出版社，1996.

安新县地方志编纂委员会. 安新县志. 北京：新华出版社，2000.

保定市统计局. 2017年保定经济统计年鉴. 北京：中国统计出版社，2017.

鲍士旦. 土壤农化分析：第3版. 北京：中国农业出版社，2000.

蔡端波，肖国华，赵春龙，等. 白洋淀底栖动物组成及对水质的指示作用. 河北渔业，2010（3）：27－28.

曹玉萍. 白洋淀重新蓄水后鱼类资源状况初报. 淡水渔业，1991（5）：20－22.

曹玉萍，王伟，张永兵. 白洋淀鱼类组成现状. 动物学杂志，2003（3）：65－69.

常利伟. 白洋淀湖群的演变研究. 长春：东北师范大学，2014.

迟清华，鄢明才. 应用地球化学元素丰度数据手册. 北京：地质出版社，2007.

陈静，王学军，陶澍，等. 天津地区土壤多环芳烃在剖面中的纵向分布特征. 环境科学学报，2004，24（2）：286－290.

陈尚，朱明远，马艳. 富营养化对海洋生态系统的影响及其围隔实验研究. 地球科学进展，1999，14（6）：571－576.

陈卓敏，高效江，宋祖光，等. 杭州湾潮滩表层沉积物中多环芳烃的分布及来源. 中国环境科学，2006（2）：233－237.

程伍群，薄秋宇，孙童. 白洋淀环境生态变迁及其对雄安新区建设的影响. 林业与生态科学，2018，33（2）：113－120.

丁维新，蔡祖聪. 我国沼泽甲烷排放量估算. 土壤，2004，6：348－353.

杜奕衡，刘成，陈开宁，等. 白洋淀沉积物氮磷赋存特征及其内源负荷. 湖泊科学，2018，30（6）：1537－1551.

范成新，杨龙元，张路. 太湖底泥及其间隙水中氮磷垂直分布及相互关系分析. 湖泊科学，2000，12（4）：359－366.

冯建社. 白洋淀的纤毛虫调查与水质评价. 云南环境科学，2005（S1）：127－129.

傅国斌，李克让. 全球变暖与湿地生态系统的研究进展. 地理研究，2001，20（1）：120－128.

郭秀云，王胜，吴必文，等. 环境温度对水产养殖定量化影响的研究. 安徽农业科学，2007，35（24）：7498－7499.

高芬. 白洋淀生态环境演变及预测. 保定：河北农业大学，2008.

高秋生，田自强，焦立新，等. 白洋淀重金属污染特征与生态风险评价. 环境工程技术学报，2019，9（1）：66－75.

高彦春，王金凤，封志明. 白洋淀流域气温、降水和径流变化特征及其相互响应关系. 中国生态农业学报，2017，25（4）：467－477.

国家环境保护总局《水和废水监测分析方法》编委会. 水和废水监测分析方法：第4版. 北京：中国环境科学出版社，2002.

韩娟，赵金莉，贺学礼. 白洋淀植物重金属积累特性的研究. 河北农业大学学报，2016，39（4）：31－36，51.

侯爱新，陈冠雄，吴杰，等. 稻田 CH_4 和 N_2O 排放关系及其生物学机理和一些影响因子. 应用生态学

报，1997，8（3）：270－274.

何乃华，朱宣清.白洋淀形成原因的探讨.地理学与国土研究，1994，10（01）：50－54，30.

胡国成，郭建阳，罗孝俊，等.白洋淀表层沉积物中多环芳烃的含量、分布、来源及生态风险评价.环境科学研究，2009，22（3）：321－326.

胡国成，许木启，许振成，等.府河-白洋淀沉积物中重金属污染特征及潜在风险评价.农业环境科学学报，2011，30（1）：146－153.

滑丽萍，华珞，王学东，等.芦苇对白洋淀底泥重金属污染程度的影响效应研究.水土保持学报，2006（2）：102－105.

黄满堂，王体健，赵雄飞，等.2015年中国地区大气甲烷排放估计及空间分布.环境科学学报，2019，39（5）：1371－1380.

黄耀，刘世梁，沈其荣，等.环境因子对农业土壤有机碳分解的影响.应用生态学报，2002，13（6）：709－714.

贾磊，蒲旖旎，杨诗俊，等.太湖藻型湖区CH_4、CO_2排放特征及其影响因素分析.环境科学，2018，39（5）：2316－2329.

金相灿，屠清瑛.湖泊富营养化调查规范.北京：中国环境科学出版社，1990.

李必才，何连生，杨敏，等.白洋淀底泥重金属形态及竖向分布.环境科学，2012，33（7）：2376－2383.

李春俭.土壤与植物营养研究新动态：第4卷.北京：中国农业出版社，2001.

李海涛.城市地质调查中的美学之维——走近白洋淀湿地.国土资源科普与文化，2019（1）：38－43.

李经伟，杨路华，夏辉，等.白洋淀底泥重金属污染地积累指数法评价.人民黄河，2007（12）：59－60，88.

李久海，董元华，曹志洪，等.慈溪市农田表层、亚表层土壤中多环芳烃（PAHs）的分布特征.环境科学学报，2007，27（11）：1909－1914.

李明德，马锦秋，吴跃英，等.白洋淀3种鱼类的无机元素.河北渔业，1996（4）：11－13.

李祥，寿绍文，白艳辉，等.1960—2013年白洋淀湿地气候变化特征分析.气象与环境学报，2016，32（1）：75－83.

李鑫，耿雪，王洪伟，等.外源输入对底泥疏浚新生表层磷恢复及迁移的影响.环境科学，2019（8）：1－14.

李源.白洋淀水环境稳态特征研究.济南：山东师范大学，2010.

李振高，李良漠，潘映华.根际微生物的研究及反硝化细菌的生态分析.土壤，1993，25（5）：266－270.

廉艳萍.河北省白洋淀景区旅游资源开发研究.北京：首都师范大学，2007.

梁宝成，高芬，程伍群.白洋淀污染物时空变化规律及其对生态系统影响的探讨.南水北调与水利科技，2007（5）：48－50.

梁东丽，李生秀，吴庆强，等.玉米生长期黄土区土壤氧化亚氮生产和排放及其影响因子研究.西北农林科技大学学报：自然科学版，2007，35（2）：131－137.

梁慧雅，翟德勤，孔晓乐，等.府河-白洋淀硝酸盐来源判定及迁移转化规律.中国生态农业学报，2017，25（8）：1236－1244.

梁威，吴振斌，詹发萃，等.人工湿地植物根区微生物与净化效果的季节变化.湖泊科学，2004，16（4）：312－317.

林娜.雄安新区白洋淀生态环境修复和治理.科技风，2019（4）：110.

林秀梅，刘文新，陈江麟，等.渤海表层沉积物中多环芳烃的分布与生态风险评价.环境科学学报，2005，25（1）：70－75.

刘存歧，孔祥玲，张治荣，等.基于RDA的白洋淀浮游植物群落动态特征分析.河北大学学报：自然科

学版，2016，36（3）：278-285.

刘丹丹. 白洋淀水资源量变化及其原因分析. 保定：河北农业大学，2014.

刘敏，侯立军，邹惠仙，等. 长江口潮滩表层沉积物中多环芳烃分布特征. 中国环境科学，2001（4）：343-346.

刘景双，王金达，李仲根，等. 三江平原沼泽湿地 N_2O 浓度与排放特征初步研究. 环境科学，2003，24（1）：33-39.

刘巧梅，刘敏，许世远，等. 长江口滨岸潮滩柱样沉积物与孔隙水中氮的垂直分布特征. 海洋科学，2004，28（9）：13-19.

刘现明，徐学仁，张笑天，等. 大连湾沉积物中 PAHs 的初步研究. 环境科学学报，2001，21：507-509.

刘新会，董黎明，成登苗，等. 白洋淀典型污染物迁移机制及风险评估. 北京：科学出版社，2017.

刘学端. 海底及污染环境中微生物群落分子多样性研究. 长沙：湖南农业大学，2003.

刘子刚. 湿地生态系统碳储存和温室气体排放研究. 地理科学，2003，24（5）：634-639.

刘志培，刘双江. 硝化作用微生物的分子生物学研究进展. 应用与环境生物学报，2004，10（4）：521-525.

龙幸幸，杨路华，夏辉，等. 白洋淀府河入淀口周边水质空间变异特征分析. 水电能源科学，2016，34（9）：35-38.

路涛. 白洋淀芦苇文化产业的千载之机. 中外企业文化，2017（9）：59-60.

罗世霞. 红枫湖水体和沉积物中有机污染物-多环芳烃的污染现状及源解析研究. 贵阳：贵州师范大学，2005.

罗孝俊，陈社军，麦碧娴，等. 珠江及南海北部海域表层沉积物中多环芳烃分布及来源. 环境科学，2005，26（4）：129-134.

罗孝俊，陈社军，麦碧娴，等. 珠江三角洲地区水体表层沉积物中多环芳烃的来源、迁移及生态风险评价. 生态毒理学报，2006，1（1）：17-24.

马秀梅，朱波，杜泽林，等. 冬水田休闲期温室气体排放通量的研究. 农业环境科学学报，2005，24（6）：1199-1202.

毛美洲，刘子慧，董惠茹. 府河-白洋淀水及沉积物的污染研究. 环境科学，1995，（S1）：1-3，6.

孟睿，何连生，席北斗，等. 白洋淀污染的主成分分析. 环境科学与技术，2012，35（S2）：100-103.

齐丽艳. 白洋淀水域环境质量演变评价及防治对策研究. 北京：中国农业科学院，2009.

齐昱涵. 适应决策支持的白洋淀生态系统健康在线评价. 西安：西安理工大学，2018.

彭吉栋. 白洋淀湿地昆虫多样性研究. 保定：河北大学，2015.

秦哲，张振冉，郝玉芬. 白洋淀淀内污染调查及整治对策. 中国市场，2017（26）：233-234.

邱琳. 白洋淀干淀原因与对策分析. 水科学与工程技术，2017（4）：38-41.

戎郁萍，韩建国，王培，等. 放牧强度对草地土壤理化性质的影响. 中国草地，2001，23（4）：41-47.

上官行健，王明星，沈壬兴. 温度对稻田 CH_4 排放日变化及季节变化的影响. 中国科学院研究生院学报，1994，11（2）：214-224.

宋关玲，王岩. 北方富营养化水体生态修复技术. 北京：中国轻工业出版社，2015.

史双昕，杨永亮，石磊. 南四湖表层沉积物中多环芳烃的分布及其来源. 青岛大学学报（工程技术版），2005，20（4）：95-99.

宋长春，张丽华，王毅勇，等. 淡水沼泽湿地 CO_2、CH_4 和 N_2O 排放通量年际变化及其对氮输入的响应. 环境科学，2006，27（12）：2369-2375.

宋长春. 湿地生态系统碳循环研究进展. 地理科学，2003，23（5）：622-628.

孙成权，高峰，曲建升. 全球气候变化的新认识——IPCC 第三次气候变化评价报告概览. 自然杂志，2002，24（2）：114-122.

孙丽，宋长春，黄耀. 沼泽湿地 N_2O 通量特征及 N_2O 与 CO_2 排放间的关系. 中国环境科学，2006，26 (5)：532 - 536.

孙顺才，黄漪平. 太湖. 北京：海洋出版社，1993.

孙志高，刘景双，杨继松，等. 三江平原典型小叶章湿地土壤硝化-反硝化作用与氧化亚氮排放. 应用生态学报，2007，18 (1)：185 - 192.

腾彦国，倪师军. 地球化学基线的理论与实践. 北京：化学工业出版社，2006.

田应兵，熊明彪，熊晓山，等. 若尔盖高原湿地土壤-植物系统有机碳的分布与流动. 植物生态学报. 2003，27 (4)：490 - 495.

田蕴，郑天凌，王新红. 厦门西港表层沉积物中多环芳烃（PAHs）的含量、分布及来源. 海洋与湖沼. 2004，35：15 - 20.

杨永亮，麦碧娴，潘静，等. 胶州湾表层沉积物中多环芳烃的分布及来源. 海洋环境科学，2003，22 (4)：38 - 43.

袁旭音，李阿梅，王禹，等. 太湖表层沉积物中的多环芳烃及其毒性评估. 河海大学学报（自然科学版），2004，32 (6)：607 - 610.

岳进，黄国宏，梁巍，等. 不同水分管理下稻田土壤 CH_4 和 N_2O 排放与微生物菌群的关系. 应用生态学报，2003，14 (12)：2273 - 2277.

万国江，白占国，王浩然，等. 洱海近代沉积物中碳-氮-硫-磷的地球化学记录. 地球化学，2000，29 (2)：189 - 197.

王德宜，吕宪国，丁维新，等. 三江源沼泽湿地与稻田 CH_4 排放对比研究. 地理科学，2002，22 (4)：500 - 503.

王浩然. 高原湖泊沉积物早期成岩的化学作用与湖泊营养演化过程. 贵阳：中国科学院地球化学研究所，1996.

王洪君，王为东，卢金伟，等. 湖滨带温室气体氧化亚氮（N_2O）排放研究. 生态环境，2006，15 (2)：270 - 275.

王洪君. 富营养化湖泊湖滨带氮生物地球化学过程研究——以太湖梅梁湾为例. 北京：中国科学院生态环境研究中心，2006.

王凯霖，李海涛，吴爱民，等. 人工补水条件下白洋淀湿地演变研究. 地球学报，2018，39 (5)：549 - 558.

王艮梅，刘洋，陈容. 污泥有机碳在林地土壤中的分解动态. 生态环境，2007，16 (5)：1390 - 1393.

王青，严登华，秦天玲，等. 人类活动对白洋淀干旱的影响. 湿地科学，2013，11 (4)：475 - 481.

王强，吕宪国. 鸟类在湿地生态系统监测与评价中的应用. 湿地科学，2007，5 (3)：274 - 281.

王少彬. 大气中氧化亚氮的源、汇和环境效益. 环境保护，1994 (4)：23 - 27.

王苏民，窦鸿身. 中国湖泊志. 北京：科学出版社，1998.

王晓娟，张荣社. 人工湿地微生物硝化和反硝化强度对比研究. 环境科学学报，2006，26 (2)：225 - 229.

王文雄. 微量金属生态毒理学和生物地球化学. 北京：科学出版社，2011.

王义弘，吴婷婷，范俊功，等. 白洋淀夏季鸟类群落及类群多样性. 河北大学学报：自然科学版，2018，38 (4)：443 - 448.

王雨春. 贵州红枫湖、百花湖沉积物-水界面营养元素（磷、氮、碳）的生物地球化学作用. 贵阳：中国科学院地球化学研究所，2001.

温春辉. 白洋淀地区重金属的检测及分布. 河北：河北大学，2009.

肖保华. 云贵高原湖泊沉积物碳酸盐、有机质的同位素组成及环境信息记录. 贵阳：中国科学院地球化学研究所，1996.

谢礼国，郑怀礼. 湖泊富营养化的防治对策研究. 世界科技研究与发展，2004，26 (2)：7 - 11.

谢松，贺华东．"引黄济淀"后河北白洋淀鱼类资源组成现状分析．科技信息，2010a（9）：433，491．

谢松，黄宝生，王宏伟，等．白洋淀底栖动物多样性调查及水质评价．水生态学杂志，2010b，3（1）：43－48．

熊正琴，邢光熹，沈光裕，等．太湖地区湖水与河水中溶解 N_2O 及其排放．环境科学，2002，23（6）：26－30．

徐梦佳，朱晓霞，赵彦伟，等．基于底栖动物完整性指数（B-IBI）的白洋淀湿地健康评价．农业环境科学学报，2012，31（9）：1808－1814．

杨卓，李贵宝，王殿武，等．白洋淀底泥重金属的污染及其潜在生态危害评价．农业环境科学学报，2005a，24（5）：945－951．

杨卓，王殿武，李贵宝，等．白洋淀底泥重金属污染现状调查及评价研究．河北农业大学学报，2005b，28（5）：20－26．

闫兴成，张重乾，季铭，等．富营养化湖泊夏季表层水体温室气体浓度及其影响因素．湖泊科学，2018，30（5）：1420－1428．

叶勇．红树林湿地 CH_4 通量与动态研究．厦门：厦门大学，1998．

尹观，倪师君．同位素地球化学．北京：地质出版社，2009．

尹军．流域干旱还原理论与方法研究．北京：中国水利水电科学研究院，2017．

袁勇，严登华，王浩，等．白洋淀湿地入淀水量演变归因分析．水利水电技术，2013，44（12）：1－4，23．

张赶年，曹学章，毛陶金．白洋淀湿地补水的生态效益评估．生态与农村环境学报，2013，29（5）：605－611．

张莉，袁丽娟，张大文，等．鄱阳湖丰水期悬浮颗粒物重金属的空间分布格局．环境化学，2017（10）：2219－2226．

张丽华，宋长春，王德宜，等．外源氮对沼泽湿地 CH_4 和 N_2O 通量的影响．生态学报，2007，27（4）：1442－1449．

张璐璐，刘静玲，Lassoie J P，等．白洋淀底栖动物群落特征与重金属潜在生态风险的相关性研究．农业环境科学学报，2013，32（3）：612－621．

张梦嫚，吴秀芹．近 20 年白洋淀湿地水文连通性及空间形态演变．生态学报，2018，38（12）：4205－4213．

张铁坚，王朦，彭艳侠，等．白洋淀上游城市内河浮游动物群落调查与水质评价．环境工程，2016，34（3）：166－169，132．

张秀君，徐慧，陈冠雄．影响森林土壤 N_2O 排放和 CH_4 吸收的主要因素．环境科学，2002，23（5）：8－12．

张莹莹，张经，吴莹，等．长江口溶解氧的分布特征及影响因素研究．环境科学，2007，28（8）：1649－1654．

张玉铭，胡春胜，董文旭，等．农田土壤 N_2O 生成与排放影响因素及 N_2O 总量估算的研究．中国生态农业学报．2004，12（3）：119－123．

张志强．国际科学界跨世纪的重大研究主题——国际全球变化研究实施十年进展与现状．地学前缘，1997，4：255－262．

张志永，贾玉平．利用南水北调工程供水解决白洋淀缺水的构想．水科学与工程技术，2012（2）：10－12．

赵姗，周念清，唐鹏．自然湿地氮排放与气候变化关系研究进展．生态环境学报，2018，27（8）：1569－1575．

赵钰，董黎明，张艳萍，等．白洋淀沉积物中重金属的形态分布及污染评价．农业环境与生态安全-第五届全国农业环境科学学术研讨会，2013：529－537．

郑循华，王明星，王跃思，等. 华东稻田 CH_4 和 N_2O 的排放. 大气科学，1997a，21（2）：231 - 237.

郑循华，王明星，王跃思，等. 温度对农田 N_2O 产生与排放的影响. 环境科学，1997b，18（5）：1 - 5.

郑志鑫，陈雪，罗雪晶，等. 白洋淀湿地种子植物资源调查分析. 河北大学学报：自然科学版，2017，37（4）：440 - 448.

智昕，牛军峰，唐阵武，等. 长江水系武汉段典型有机氯农药的生态风险评价. 环境科学学报，2008，28（1）：168 - 173.

中国环境监测总站. 中国土壤元素背景值. 北京：中国环境科学出版社，1990.

中国科学院林业土壤研究所微生物室. 土壤微生物分析方法手册. 北京：科学出版社，1960.

周红菊，尚忠林，王学东，等. 湿地净化污水作用及其机理研究进展. 南水北调与水利科技，2007，5（4）：64 - 66.

周怀东，赵健，陆瑾，等. 白洋淀湿地表层沉积物多环芳烃的分布、来源及生态风险评价. 生态毒理学报，2008，3（3）：291 - 299.

周旺明，王金达，刘景双. 自然沼泽湿地生物量与 CH_4、N_2O 排放量关系初步研究. 中国科学院研究生院学报，2006，23（6）：736 - 743.

朱广伟，陈英旭. 沉积物中有机质的环境行为研究进展. 湖泊科学，2001，13（3）：272 - 279.

朱静，亦红，李洪波，等. 白洋淀芦苇资源化利用技术及示范研究. 环境科学与技术，2014，37（120）：92 - 94.

朱樱，吴文婧，王军军，等. 小白洋淀水-沉积物系统多环芳烃的分布、来源与生态风险. 湖泊科学，2009，21（5）：637 - 646.

Andrews J A，Matamala R，Westover K M，et al. Temperature effects on the diversity of soil heterotrophs and the $\delta^{13}C$ of soil - respired CO_2. Soil Biology and Biochemistry，2000，32：699 - 706.

Anderson I C，Path M，Homstead J，et al. A comparison of NO and N_2O production by the autotrophic nitrifier Notosomonas europaea and the heterotrophic nitrifier Alcaligenes faecalis. Applied and Environmental Microbiology，1993，59（11）：3525 - 3533.

Agency I A E. Sediment distribution coefficients and concentration factors for biota in the marine environment. International Atomic Energy Agency，2004.

Bachand P A M，Home A J. Denitrification in constructed free - water surface wetlands. I. Very high nitrate removal rates in a macrocosm study. Ecological Engineering，1999，14（12）：17 - 32.

Barklett K B，Harriss R C. Review and assessment of methane flux from wetlands. Chemosphere，1993，26（4）：261 - 320.

Basheer C，Obbard J P，Lee H. Persistent organic pollutants in Singapore's coastal marine environment：part II，sediments. Water，Air，and Soil Pollution，2003，149：315 - 325.

Bastviken D，Tranvik L J，Downing J A，et al. Freshwater methane emissions offset the continental carbon sink. Science，2011，331（6013）：50.

Battin T J，Kaplan L A，Findlay S，et al. Biophysical controls on organic carbon fluxes in fluvial networks. Nature Geoscience，2009，1：95 - 100.

Bauza J F，Morell J M，Corredor J E. Biogeochemistry of nitrous oxide production in the red mangrove forest sediments. Estuarine，Coastal and Shelf Science，2002，55：697 - 704.

Berbigier P，Bonnefond J M，Mcllmann P. CO_2 and water vapor fluxes for 2 years above EuroFlux forest site. Agricultural and Forest Meteorology，2001，108：183 - 197.

Bergsma T T，Robertson G P，Ostrom N E. Influence of soil moisture and land use history on denitrification end - products. Journal of Environmental Quality，2002，31：711 - 717.

Beutel M W，Leonard T M，Dent S R，Moor B C. Effects of aerobic and anaerobic conditions on P，N，Fe，Mn and Hg accumulation in waters overlaying profundal sediments of an oligo - mesotrophic

lake. Water Research, 2008, 42: 1953 – 1962.

Bollhöfer A, Rosman K J R. Isotopic source signatures for atmospheric lead: the Northern Hemisphere. Geochimica et Cosmochimica Acta, 2001, 65 (11): 1727 – 1740.

Botello A V, Villanueva S F, Diaz G G, et al. Polycyclic aromatic hydrocarbons in sediments from Salina Cruz Harbour and Coastal Areas, Oaxaca, Mexico. Marine Pollution Bulletin, 1998, 36: 554 – 558.

Bremner J M, Blacker A M. Nitrous oxide: emission from soil during nitrification of fertilizer nitrogen. Science, 1978, 199: 295 – 296.

Breuer L, Kiese R, Butterbach – Bahl K. Temperature and moisture effects on nitrification rates in tropical rain forest soils. Soil Science Society of America Journal, 2002, 66: 834 – 844.

Brix H, Sortell B K, Lorenzen B. Are phragmites – dominated wetlands a net sink of greenhouse gases? Aquatic Botany, 2001, 69: 313 – 324.

Bubier J L, Mooret R, Bellisario L, et al. Ecological controls on methane emissions from a northern peatland complex in the zone of discontinuous permafrost, Manitoba, Canada. Global Biogeochemical Cycles, 1995, 9: 455 – 470.

Buchanan R E, Gibbons N E. Bergey's Manual of Determinative Bacteriology: 8th Ed. Baltimore: The Williams and Wilkins Company, 1974.

Bucheli T D, Blum F, Desaules A, et al. Polycyclic aromatic hydrocarbons, black carbon, and molecular markers in soils of Switzerland. Chemosphere, 2004, 56: 1061 – 1076.

Burford J R, Bremner J M. Relationships between the denitrification capacities of soils and total water – soluble and readily decomposable soil organic matter. Soil Biology and Biochemistry, 1975, 7: 389 – 394.

Butterbach – Bahl K, Papen H, Rennenberg H. Impact of gas transport through rice cultivars on methane emission from rice paddy fields. Plant, Cell & Environment, 1997, 20: 1175 – 1183.

Cardinale B J, Palmer M A, Collins S L. Species diversity enhances ecosystem functioning through interspecific facilitation. Nature, 2002, 415 (6870): 426 – 429.

Casper P, Maberly S C, Hall G H, et al. Fluxes of methane and carbon dioxide from a small productive lake to the atmosphere. Biogeochemistry, 2000, 49: 1 – 19.

Castignetti D, Hollocher T C. Heterotrophic nitrification among denitrifiers. Applied and Environmental Microbiology, 1984, 47: 620 – 623.

Charman D J, Warner A B G. Carbon dynamics in a forested peatland in North – Eastern Ontario, Canada. Journal of Ecology, 1994, 82 (1): 55 – 62.

Chen C Y, Pickhardt P C, Xu M Q, et al. Mercury and arsenic bioaccumulation and eutrophication in Baiyangdian Lake, China. Water, Air, and Soil Pollution, 2008, 190: 115 – 127.

Chen J, Tan M, Li Y, et al. A lead isotope record of Shanghai atmospheric lead emissions in total suspended particles during the period of phasing out of leaded gasoline. Atmospheric Environment, 2005, 39 (7): 1245 – 1253.

Cheng H, Hu Y. Lead (Pb) isotopic fingerprinting and its applications in lead pollution studies in China: A review. Environmental Pollution, 2010, 158: 1134 – 1146.

Chien L C, Hung T C, Choang, K Y, et al. Daily intake of TBT, Cu, Zn, Cd and As for fishermen in Taiwan. Science of the Total Environment, 2002, 285: 177 – 185.

Chiou C T, MacGroddy S E, Kile D E. Partition characteristics of polycyclic aromatic hydrocarbons on soils and sediments. Environmental Science & Technology, 1998, 32: 264 – 269.

Chukwuma C S. Evaluating baseline data for trace elements, pH, organic matter content, and bulk density in agricultural soils in Nigeria. Water, Air, and Soil Pollution, 1996, 86 (1 – 4): 13 – 34.

Cole J J, Caraco N F, Kling G W, et al. Carbon dioxide supersaturation in the surface waters of

lakes. Science, 1994, 265 (5178): 1568 – 1570.

Conrad R. Soil organisms as controllers of atmospheric trace gases (H_2, CO_2, CH_4, N_2O and NO). Microbiology and Molecular Biology Reviews, 1996, 60: 609 – 640.

Corredtor J E, Morell J M, Bauza J. Atmospheric nitrous oxide fluxes form mangrove sediments. Marine Pollution Bulletin, 1999, 38: 473 – 478.

Cousins I T, Gevao B, Jones K C. Measuring and modeling the vertical distribution of semivolatile organic compounds in soils. I. PCB and PAH soil core data. Chemosphere, 1999, 39: 2507 – 2518

Covelli S, Fontolan G. Application of a normalization procedure in determining regional geochemical baselines. Environmental Geology, 1997, 30: 34 – 45.

Crutzen P J, Ehhalt D H. Effects of nitrogen fertilizers and combustion in the stratospheric ozone layer. Ambio, 1977, 6: 112 – 117.

Cullen C A, Frey H C. Probabilistic techniques in exposure assessment: A handbook for dealing with variability and uncertainty in models and inputs. New York: Plenum Press, 1999.

Dai L, Wang L, Li L, et al. Multivariate geostatistical analysis and source identification of heavy metals in the sediment of Poyang Lake in China. Science of the Total Environment, 2018, 621: 1433 – 1444.

Daskalakis K D, O'Connor T P. Normalization and elemental sediment contamination in the coastal United States. Environmental Science & Technology, 1995, 29: 470 – 477.

Daum M, Zimmer W, Papen H, et al. Physiological and molecular biological characterization of ammonia oxidation of the heterotrophic nitrifier Pseudomonas putida. Current Microbiology, 1998, 37 (4): 281 – 288.

Davidson E A, Janssens I A, Luo Y Q. On the variability of respiration in terrestrial ecosystems: Moving beyond Q_{10}. Global Change Biology, 2006, 12 (2): 154 – 164.

Dong Y, Zhang S, Qi Y, et al. Fluxes of CO_2, N_2O and CH_4 from a typical temperate grassland in Inner Mongolia and its daily variation. Chinese Science Bulletin, 2000, 45 (17): 1590 – 1594.

Dore J E, Popp B N, Karl D M, et al. A large source of atmospheric nitrous oxide from subtropical North Pacific surface waters. Nature, 1998, 396: 63 – 66.

Edwards N T. Polycyclic aromatic hydrocarbons (PAHs) in the terrestrial environment: A review. Journal of Environmental Quality, 1983, 12: 427 – 441.

Falkowski P G. Evolution of the nitrogen cycle and its influence on the biological sequestration of CO_2 in the ocean. Nature, 1997, 387: 272 – 275.

Farsad F, Karbassi A, Monavari S M, et al. Development of a new pollution index for heavy metals in sediments. Biological Trace Element Research, 2011, 143: 1828 – 1842.

Fernandez C, Monna F, Labanowski J, et al. Anthropogenic lead distribution in soils under arable land and permanent grassland estimated by Pb isotopic compositions. Environmental Pollution, 2008, 156 (3): 1083 – 1091.

Focht D D, Verstraete W. Biochemical ecology of nitrification and denitrification. In: Alexander M. (eds.). Advances in Microbial Ecology. New York: Plenum Press, 1977.

Foster G D, Wright D A. Unsubstituted polycyclic aromatic hydrocarbons in sediments, clams, and clam worms from Chesapeake Bay. Marine Pollution Bulletin, 1988, 19: 459 – 465.

Gao H, Bai J, Xiao R, et al. Levels, sources and risk assessment of trace elements in wetland soils of a typical shallow freshwater lake, China. Stochastic Environmental Research and Risk Assessment, 2013, 27: 275 – 284.

Gearing P J, Gearing J N, Pruell R J, et al. Partitioning of No. 2 fuel oil in controlled estuarine ecosystem, sediments and suspended particulate matter. Environmental Science & Technology, 1980,

14: 1129 – 1136.

Geng M, Qi H, Liu X, et al. Occurrence and health risk assessment of selected metals in drinking water from two typical remote areas in China. Environmental Science and Pollution Research, 2016, 23: 8462 – 8469.

Gentle J E. Random Number Generation and Monte Carlo Methods. New York: Springer, 1998.

Giardina C P, Ryan M G. Evidence that decomposition rats of organic carbon in mineral soil do not vary with temperature. Nature, 2000, 404: 855 – 861.

Groffman P M, Hanson G C. Wetland denitrification: influence of site quality and relationships with wetland delineation protocols. Soil Science Society of America Journal, 1997, 61 (1): 323 – 329.

Guo H, Lee S C, Ho K F, et al. Particle associated polycyclic aromatic hydrocarbons in urban air of Hong Kong. Atmospheric Environment, 2003, 37 (38): 5307 – 5317.

Guo W, Pei Y, Yang Z, et al. Historical changes in polycyclic aromatic hydrocarbons (PAHs) input in Lake Baiyangdian related to regional socio – economic development. Journal of Hazardous Materials, 2011, 187 (1): 441 – 449.

Guo W, Zhang H, Xu Q, et al. Distribution, sources, and risk of polycyclic aromatic hydrocarbons in the core sediments from Baiyangdian Lake, China. Polycyclic Aromatic Compounds, 2013, 33 (2): 108 – 126.

Håkanson L. An ecological risk index for aquatic pollution control. A sedimentological approach. Water Research, 1980, 14: 975 – 1001.

Hall S J, Matson P A. Nitrogen oxide emissions after nitrogen additions in tropical forests. Nature, 1999, 400: 152 – 155.

Han L F, Gao B, Lu J, et al. Pollution characteristics and source identification of trace metals in riparian soils of Miyun Reservoir, China. Ecotoxicology and Environmental Safety, 2017, 144: 321 – 329.

Han L F, Gao B, Wei X, et al. The characteristic of Pb isotopic compositions in different chemical fractions in sediments from Three Gorges Reservoir, China. Environmental Pollution, 2015, 206: 627 – 635.

Harrison R M, Smith D J T, Luhana L. Source apportionment of atmospheric polycyclic aromatic hydrocarbons collected from an urban location in Birmingham, UK. Environmental Science & Technology, 1996, 30: 825 – 832.

Hartmann P C, Quinn J G, Cairns R W, et al. The distribution and sources of polycyclic aromatic hydrocarbons in Narragansett Bay surface sediments. Marine Pollution Bulletin, 2004, 48: 351 – 358.

Harvey R G. Polycyclic Aromatic Hydrocarbons. New York: Wiley, 2006.

Heger W, Jung S J, Martin S, et al. 1995. Acute and prolonged toxicity to aquatic organisms of new and existing chemicals and pesticides. Chemosphere, 31 (2): 2707 – 2726.

Herbert R A. Nitrogen cycling in coastal marine ecosystems. FEMS Microbiology Reviews, 1999, 23: 563 – 590.

Hong H, Xu L, Zhang L, Chen J C, et al. Environmental fate and chemistry of organic pollutants in the sediment of Xiamen and Victoria Harbours. Marine Pollution Bulletin, 1995, 31: 229 – 236.

Houghton J T, Ding Y, Griggs D J, et al. Climate Change 2001: The Scientific Basis. Cambridge, United Kingdom and New York, USA: Cambridge University Press, 2001.

Hsu S C, Liu S C, Jeng W L, et al. Lead isotope ratios in ambient aerosols from Taipei, Taiwan: Identifying long – range transport of airborne Pb from the Yangtze Delta. Atmospheric Environment, 2006, 40 (28): 5393 – 5404.

Ingwersen J K, Butterbach – Bahl R. Barometric process separation: New method for quantifying nitrification, denitrification, and nitrous oxide sources in soils. Soil Science Society of America Journal, 1999,

63: 117 – 128.

IPCC. The Science of Climate Change. Cambridge University Press, 1996.

IPCC. A Report of Working Group I of the Intergovernmental Panel on Climate Change. Summary for Policy makers, 2001.

Jafarabadi A R, Bakhtiyari A R, Toosi A S, et al. Spatial distribution, ecological and health risk assessment of heavy metals in marine superficial sediments and coastal seawaters of fringing coral reefs of the Persian gulf, Iran. Chemosphere, 2017, 185: 1090 – 1111.

Jiang J Y, Huang Y, Zong L G. Influence of Environmental Factors and Crop – Growing on Emissions of CH_4 and N_2O from Rice Paddy. Journal of Agro – Environment Science, 2003, 22 (6): 711 – 714.

Johansson A E, Klemedtsson A K, Klemedtsson L, et al. Nitrous oxide exchanges with the atmosphere of a constructed wetland treating wastewater – parameters and implications for emission factors. Tellus B: Chemical and Physical Meteorology, 2003, 55 (3): 737 – 750.

Jones D L, Darrah P R, Kochian L V. Critical evaluation of organic acid mediated iron dissolution in the rhizosphere and its potential role in root iron uptake. Plant and Soil, 1996, 180: 57 – 66.

Juutinen S, Alm J, Larmola T, et al. Methane (CH$_4$) release from littoral wetlands of Boreal lakes during an extended flooding period. Global Change Biology, 2003, 9: 413 – 424.

Juutinen S, Alm J, Martikainen P, et al. Effects of spring flood and water level drawdown on methane dynamics in the littoral zone of boreal lakes. Freshwater Biology, 2001, 46: 855 – 869.

Kankaala P, Käki T, Mäkel S, et al. Methane efflux in relation to plant biomass and sediment characteristics in stands of three common emergent macrophytes in boreal mesoeutrophic lakes. Global Change Biology, 2005, 11: 145 – 153.

Kankaala P, Ojala A, Käki T. Temporal and spatial variation in methane emissions from a flooded transgression shore of a boreal lake. Biogeochemistry, 2004, 68: 297 – 311.

Karim Z, Qureshi B A, Mumtaz M. Geochemical baseline determination and pollution assessment of heavy metals in urban soils of Karachi, Pakistan. Ecological Indicators, 2015, 48: 358 – 364.

Kasting J F, Siefert J L. The nitrogen fix. Nature, 2001, 412: 26 – 27.

Keeney D R, Fillery I R, Marx G P. Effect of temperature on the gaseous nitrogen products of denitrification in a silt loam soil. Soil Science Society of America Journal, 1979, 43: 1124 – 1128.

Kennicutt M C, Wade T L, Presley B J, et al. Sediment contaminants in Casco Bay, Marine: inventories, sources, and potential for biological impact. Environmental Science & Technology, 1994, 28: 1 – 15.

Khalil M A K, Shearer M J. Sources of Methane: An Overview. In: Khalil M. A. K. (eds.). Atmospheric Methane. Springer, Berlin, Heidelberg, 2001.

Khalila M I, Baggs E M. CH$_4$ oxidation and N_2O missions at varied soil water – filled pore spaces and headspace CH$_4$ concentrations. Soil Biology and Biochemistry, 2005, 37: 1785 – 1794.

Khalili N R, Scheff P A, Holsen T M. PAH source fingerprints for coke ovens, diesel and gasoline engines, highway tunnels, and wood combustion emissions. Atmospheric Environment, 1995, 29: 533 – 542.

Kim G B, Maruya K A, Lee R F, et al. Distribution and sources of polycyclic aromatic hydrocarbons in sediments from Kyeonggi Bay, Korea. Marine Pollution Bulletin, 1999, 38: 7 – 15.

KnapA H, Williams P J. Experimental studies to determining the fate of petroleum hydrocarbons from refinery effluent on an estuarine system. Environmental Science & Technology, 1982, 16: 1 – 4.

Knorr W, Prentice I C, House J I, et al. Long – term sensitive of soil carbon turnover to warming. Nature, 2005, 433: 298 – 301.

Kuenen J G, Robertson L A. Combined nitrification – denitrification processes. FEMS Microbiology Reviews, 1994, 15: 109 – 117.

Lal R. Soil carbon sequestration to mitigate climate change. Geoderma, 2004, 123: 1 – 22.

Lange R, Hutchinson T H, Scholz N, et al. Analysis of the ecetoc aquatic toxicity (EAT) database Ⅱ – Comparison of acute to chronic ratios for various aquatic organisms and chemical substances. Chemosphere, 1998, 36 (1): 115 – 127.

Larsen R K, Baker J E. Source apportionment of polycyclic aromatic hydrocarbons in the urban atmosphere: a comparison of three methods. Environmental Science & Technology, 2003, 37: 1873 – 1881.

Le Mer J, Roger P. Production, oxidation, emission and consumption of methane by soil: A review. European Journal of Soil Biology, 2001, 37 (1): 25 – 50.

Lee C S L, Li X D, Zhang G, et al. Heavy metals and Pb isotopic composition of aerosols in urban and suburban areas of Hong Kong and Guangzhou, South China – evidence of the long – range transport of air contaminants. Atmospheric Environment, 2007, 41 (2): 432 – 447.

Li R Y, Hao Y, Zhou Z G, et al. Fractionation of heavy metals in sediments from Dianchi Lake, China. Pedosphere, 2007, 17 (2): 265 – 272.

Liikanen A, Ratilainen E, Saanino S, et al. Greenhouse gas dynamics in boreal, littoral sediments under raised CO_2 and nitrogen supply. Freshwater Biology, 2003, 48: 500 – 511.

Lin C, He M, Li Y, et al. Content, enrichment, and regional geochemical baseline of antimony in the estuarine sediment of the Daliao river system in China. Chemie der Erde – Geochemistry, 2012, 72: 23 – 28.

Lin Y F, Jing S R, Wang T W, et al. Effects of macrophytes and external carbon sources on nitrate removal from groundwater in constructed wetlands. Environmental Pollution, 2002, 119: 413 – 420.

Liu J, Liang J, Yuan X, et al. An integrated model for assessing heavy metal exposure risk to migratory birds in wetland ecosystem: a case study in Dongting Lake wetland, China. Chemosphere, 2015, 135: 14 – 19.

Liu J, Yang T, Chen Q, et al. Distribution and potential ecological risk of heavy metals in the typical eco – units of Haihe River Basin. Frontiers of Environmental Science & Engineering, 2016, 10 (1): 103 – 113.

Liu Q, Liu Y, Yin J, et al. Chemical characteristics and source apportionment of PM_{10} during Asian dust storm and non – dust storm days in Beijing. Atmospheric Environment, 2014, 91: 85 – 94.

Liu X, Xu M, Yang Z, et al. Sources and risk of polycyclic aromatic hydrocarbons in Baiyangdian Lake, North China. Journal of Environmental Science and Health, Part A, 2010, 45: 413 – 420.

Lu C, Cheng J. Speciation of heavy metals in the sediments from different eutrophic lakes of China. Procedia Engineering, 2011, 18: 318 – 323.

Lund L J, HomeA J, Williams A E. Estimating denitrification in a large constructed wetland using stable nitrogen isotope ratios. Ecology Engineering, 2000, 14 (12): 67 – 76.

Ma B Y, Zhang X L. Regional ecological risk assessment of selenium in Jilin province China. Science of the Total Environment, 2000, 262: 103 – 110.

Maliszewska – Kordybach B. Polycyclic aromatic hydrocarbons in agricultural soils in Poland: Preliminary proposals for criteria to evaluate the level of soil contamination. Applied Geochemistry, 1996, 11: 121 – 127.

Mahendrappa M K, Smith R L, Christiansen A T. Nitrifying organisms affected by climatic region in western United States. Soil Science Society of America Journal, 1966, 30: 60 – 62.

Mariano G. Hydrologic balance for a subtropical treatment wetland constructed for nutrient removal. Ecological Engineering, 1999, 12: 315 – 337.

Martina T L, Kaushik N K, Trevors T T, et al. Review: Denitrification in temperate climate riparian zones. Water, Air, and Soil Pollution, 1999, 111: 171 – 186.

Matheson F E, Nguyen M L, Cooper A B, et al. Fate of ^{15}N – nitrate in unplanted, planted and harvested riparian wetland soil microcosms. Ecological Engineering, 2002, 19: 249 – 264.

Matschullat J, Ottenstein R, Reimann C. Geochemical background – can we calculate it? Environmental Geology, 2000, 39: 990 – 1000.

Meijer S N, Steinnes E, Ockenden W A, et al. Influence of environmental variables on the spatial distribution of PCBs in Norwegian and U. K. soils: Implications for global cycling. Environmental Science & Technology, 2002, 36: 2146 – 2153.

Menzie C A, Potocki B B, Santodonato J. Exposure to carcinogenic PAHs in the environment. Environmental Science & Technology, 1992, 26: 1278 – 1284.

Michmerhuizen C M, Striegl R G, McDonald M E. Potential methane emission from north – temperate lakes following ice melt. Limnology and Oceanography, 1996, 41: 985 – 991.

Miller H, Croudace I W, Bull J M, et al. A 500 years sediment lake record of anthropogenic and natural inputs to Windermere (English Lake District) using double – spike lead isotopes, radiochronology, and sediment microanalysis. Environmental Science & Technology, 2014, 48 (13): 7254 – 7263.

Mitsch W J. Global wetlands: Old World and New. Amsterdam: Elsevier, 1994.

Moir J W B, Crossman L C, Spiro S, et al. The purification of ammonia monooxygenase from Paracoccus denitrificans. FEBS Letters, 1996, 387: 71 – 74.

Moureaux C, Debacq A, Bodson B, et al. Annual net ecosystem carbon exchange by a sugar beet crop. Agricultural and Forest Meteorology, 2006, 139: 25 – 39.

Müller G. Index of geoaccumulation in sediments of the Rhine River. GeoJournal, 1969, 2: 108 – 118.

Mukai H, Furuta N, Fujii T, et al. Characterization of sources of lead in the urban air of Asia using ratios of stable lead isotopes. Environmental Science & Technology, 1993, 27 (7): 1347 – 1356.

Mukai H, Tanaka A, Fujii T, et al. Regional characteristics of sulfur and lead isotope ratios in the atmosphere at several Chinese urban sites. Environmental Science & Technology, 2001, 35 (6): 1064 – 1071.

Neff J M, Stout S A, Gunster D G. Ecological risk assessment of polycyclic aromatic hydrocarbons in sediments: identifying sources and ecological hazard. Integrated Environmental Assessment and Management, 2005, 1: 22 – 33.

Nouchi I, Mariko S. Mechanisms of methane transport by rice plants. In: Oremland R S, eds. Biogeochemistry of Global Change. New York: Chapman & Hall, 1993.

Nouchi I. Mechanisms of methane transport through rice plants. In: Minami K, eds. CH_4 and N_2O: Global Emission and Controls from Rice Fields and Other Agricultural and Industrial Sources. Tokyo: Yokendo Publishers, 1994.

Obebauer S F, Tenhunen J D, Reynolds J F. Environmental effects on CO_2 efflux from water rack and tussock tundra in arctic Alaska. Arctic and Alpine Research, 1991, 23: 162 – 169.

Ockenden W A, Breivik K, Meijer S N, et al. The global recycling of persistent organic pollutants is strongly retarded by soils. Environmental Pollution, 2003, 121: 75 – 80.

Panek J A, Matson P A, Ortiz – Monasterio I et al. Distinguishing nitrification and denitrification sources of N_2O in a Mexican wheat system using ^{15}N. Ecological Applications, 2000, 10 (2): 506 – 514.

Panikov N S, Dedysh S N. Cold season CH_4 and CO_2 emission from boreal peat bogs (West Siberia): Winter fluxes and thaw activation dynamics. Global Biogeochemical Cycles, 2000, 14: 1071 – 1080.

Parry S，Renault P，Chenu C，et al. Denitrification in pasture and cropped soil clods as affected by pore space structure. Soil Biology and Biochemistry，1999，31：493 – 501.

Pfenning K S，McMahon P B. Effect of nitrate, organic carbon, and temperature on potential denitrification rates in nitrate – rich riverbed sediments. Journal of Hydrology，1997，187：283 – 295.

Poiani K A，Johnson W C，Kittel T G F. Sensitivity of a prairie wetland to increased temperature and seasonal precipitation changes. JAWRA Journal of the American Water Resources Association，1995，31 (2)：283 – 294.

Prosser J I. Autotrophic nitrification in bacteria. Advances in Microbial Physiology，1990，30：125 – 181.

Rajeshkumar S，Liu Y，Zhang X，et al. Studies on seasonal pollution of heavy metals in water，sediment，fish and oyster from the Meiliang Bay of Taihu Lake in China. Chemosphere，2018，191：626 – 638.

Reimann C，Garrett R G. Geochemical background – concept and reality. Science of the Total Environment，2005，350：12 – 27.

Reddy K R，Delaune R D. Biogeochemistry of wetlands：Science and applications. Boca Raton：CRC，Taylor and Francis Group. 2008.

Reddy K R，Patrick W H. Nitrogen transformations and loss in flooded soil and sediments. CRC Critical Reviews in Environmental Control，1984，13（4）：273 – 309.

Regina K，Silvola J，Martikainen P J. Short – term effects of changing water table on N_2O fluxes from peat monoliths from natural and drained boreal peatlands. Global Change Biology，1999，5：183 – 189.

Robertson G P，Paul E A，Harwood R R. Greenhouse gases in intensive agriculture：contributions of individual gases to the radiative forcing of the atmosphere. Science，2000，289：1922 – 1925.

Robertson G P. Nitrification and denitrification in humid tropical ecosystems：potential controls on nitrogen retention. In：Proctor J（eds.）. Mineral Nutrients in Tropical Forest and Savanna Ecosystems. Blackwell Scientific，Cambridge，Massachusetts，USA，1989.

Rogge W F，Hildemann L M，Mazurek M A，et al. Sources of fine organic aerosol. 2. Noncatalyst and catalyst equipped automobiles and heavy – duty diesel trucks. Environmental Science & Technology，1993，27（4）：636 – 651.

Rolston D E，Sharpley A N，Toy D W，et al. Field measurement of denitrification. Ⅲ：Rates during irrigation cycles. Soil Science Society of America Journal，1982，46：289 – 296.

Rudaz A O，Walti E，Kyburz G，et al. Temporal variation in N_2O and to N_2 fluxes from permanent pasture in Switzerland in relation to management，soil water content and soil temperature. Agriculture，Ecosystems & Environment，1999，73：83 – 91.

Ryden G C. Denitrification loss from a grassland soil in the field receiving different rates of nitrogen as ammonium nitrate. Journal of Soil Science，1983，34：355 – 365.

Saunders D L，Kalff J. Denitrification rates in the sediments of Lake Memphremagog，Canada – USA. Water Research，2001，35：1897 – 1904.

Schiller C L，Hastie D R. Exchange of nitrous oxide within the Hudson Bay lowland. Journal of Geophysical Research：Atmospheres，1994，99：1573 – 1588.

Schimel J P，Clein J S. Microbial response to freeze – thaw cyces in tundra and taiga soils. Soil Biology and Biochemistry，1996，28：1061 – 1066.

Seastedt T R，Briggs J M，Gibson D J. Controls of nitrogen limitation in tallgrass prairie. Oecologia，1991，87：72 – 79.

Seiler W，Holzapfel – Pschorn A，Conrad R，et al. Methane emission from rice paddies. Journal of Atmospheric Chemistry，1983，1：241 – 268.

Sharifinia M，Taherizadeh M，Namin J I，et al. Ecological risk assessment of trace metals in the surface

sediments of the Persian Gulf and Gulf of Oman: Evidence from subtropical estuaries of the Iranian coastal waters. Chemosphere, 2018, 191: 485 – 493.

Shingo U, Chun – sim U G, Takahito Y. Dynamics of dissolved O_2, CO_2, CH_4 and N_2O in a tropical coastal swamp in southern Thailand. Biogeochemistry, 2000, 49: 191 – 215.

Simcik M F, Eisenreich S J, Lioy P J. Source apportionment and source/sink relationships of PAHs in the coastal atmosphere of Chicago and Lake Michigan. Atmospheric Environment, 1999, 30: 5071 – 5079.

Simoneit B R T. Biomass burning – a review of organic tracers for smoke from incomplete combustion. Applied Geochemistry, 2002, 17: 129 – 162.

Simpson C D, Mosi A A, Cullen W R, et al. Composition and distribution of polycyclic aromatic hydrocarbon contamination in surficial marine sediments from Kitimat Harbor, Canada. Science of the Total Environment, 1996, 181: 265 – 278.

Smith A H, Hopenhayn – Rich C, Bates M N, et al. Cancer risks from arsenic in drinking water. Environmental Health Perspectives, 1992, 97: 259 – 267.

Smith C J, DeLaune R D, Patrick Jr W H. Nitrous oxide emission from Gulf Coast wetlands. Geochimica et Cosmochimica Acta, 1983, 47 (10): 1805 – 1814.

Sommerfeld R A, Moiser A R, Messelman R C. CO_2, CH_4 and N_2O flux through a Wyoming snowpack and implication for global budgets. Nature, 1993, 361: 140 – 142.

Spieles D J, Mitsch W J. The effects of season and hydrologic and chemical loading on nitrate retention in constructed wetlands: a comparison of low – and high – nutrient riverine systems. Ecological Engineering, 1999, 14 (12): 77 – 91.

Stephen J R, Kowalchuk G A, Bruns M A V, et al. Analysis of β – subgroup proteobacterial ammonia oxidizer populations in soil by denaturing gradient gel electrophoresis analysis and hierarchical phylogenetic probing. Applied and Environmental Microbiology, 1998, 64: 2958 – 2965.

Su L, Liu J, Christensen P. Spatial distribution and ecological risk assessment of metals in sediments of Baiyangdian wetland ecosystem. Ecotoxicology, 2011, 20 (5): 1107 – 1116.

Tan M G, Zhang G L, Li X L, et al. Comprehensive study of lead pollution in Shanghai by multiple techniques. Analytical Chemistry, 2006, 78 (23): 8044 – 8050.

Tanner C C, Kadlec R H, Gibbs M M, et al. Nitrogen processing gradients in subsurface – flow wetlands – influence of wastewater characteristics. Ecological Engineering, 2002, 18: 499 – 520.

Tao S, Cui Y H, Xu F, et al. Polycyclic aromatic hydrocarbons (PAHs) in agricultural soil and vegetables from Tianjin. Science of the Total Environment, 2004, 320: 11 – 24.

Tate R L. Nirtification in histosols: a potential role for the heterotrophic nitrifier. Applied and Environmental Microbiology, 1977, 33: 911 – 914.

Teiter S. Emission of N_2O, N_2, CH_4 and CO_2 from constructed wetlands for wastewater treatment and from riparian buffer zones. Ecological Engineering, 2005, 25: 528 – 541.

Teng Y, Ni S, Wang J, et al. Geochemical baseline of trace elements in the sediment in Dexing area, South China. Environmental Geology, 2009, 57 (7): 1649 – 1660.

Teranes J L, Bernasconi S M. The record of nitrate utilization and productivity limitation provided by $\delta^{15}N$ values in lake organic matter: A study of sediment trap and core sediments from Baldeggersee, Switzerland. Limnology and Oceanography, 2000, 45 (4): 801 – 813.

Tian K, Huang B, Xing Z, et al. Geochemical baseline establishment and ecological risk evaluation of heavy metals in greenhouse soils from Dongtai, China. Ecological Indicators, 2017, 72: 510 – 520.

Tiedje J M. Ecology of denitrification and dissimilatory nitrate reduction to ammonium. In: Zehnder A J B (eds.). Biology of anaerobic microorganisms. New York: John Wiley & Sons, Inc, 1988.

Tranvik L J, Downing J A, Cotner J B, et al. Lakes and reservoirs as regulators of carbon cycling and climate. Limnology and Oceanography, 2009, 54 (6): 2298 - 2314.

US EPA. Guidelines for Exposure Assessment. Office of Health and Environmental Assessment. USA: Washington D C, 1992.

US EPA. Method 3545: Pressurized fluid Extraction. USA: Washington D C, 1996.

US EPA. Method 3620C: Florisil Cleanup. USA: Washington D C, 2000a.

US EPA. Supplementary guidance for conducting health risk assessment of chemical mixtures. United States Environmental Protection Agency, Philadelphia, PA: Washington D C, 2000b.

Venkataraman C, Lyons J M, Friedlander S K. Size distributions of polycyclic aromatic hydrocarbons and elemental carbon. 1. Sampling, measurement methods, and source characterization. Environmental Science & Technology, 1994, 28: 555 - 562.

Verhagen J H G. Modeling phytoplankton patchiness under the influence of wind - driven currents in lakes. Limnology and Oceanography, 1994, 39 (7): 1551 - 1565.

Verschueren K. Handbook of Environmental Data on Organic Chemicals. New York: Van Nostrand - Reinhold. 2001.

Wang G, Ying L A, Jiang H, et al. Modeling the source contribution of heavy metals in surficial sediment and analysis of their historical changes in the vertical sediments of a drinking water reservoir. Journal of Hydrology, 2015, 520: 37 - 51.

Wang W, Liu X, Zhao L, et al. Effectiveness of leaded petrol phase - out in Tianjin, China based on the aerosol lead concentration and isotope abundance ratio. Science of the Total Environment Science of the Total Environment, 2006, 364: 175 - 187.

Wang X L, Tao S, Dawson R W, et al. Characterizing and comparing risks of polycyclic aromatic hydrocarbons in Tianjin wastewater irrigated area. Environmental Research, 2002, 90: 201 - 206.

Watts L J, Rippeth T P, Edwards A. The roles of hydrographic and biogeochemical processes in the distribution of dissolved inorganic nutrients in a cottish Sea - loch: Consequences for the spring phytoplankton bloom. Estuarine, Coastal and Shelf Science, 1998, 46: 39 - 50.

Webster E A, Hopkins D W. Contributions from different microbial processes to N_2O emission from soil under different moisture regimes. Biology and Fertility of Soils, 1996, 22 (4): 331 - 335.

Weier K L, Macrae I C, Myers R J K. Denitrification in a clay soil under Pasture and annual crop: estimation of potential loss using intact soil cores. Soil Biology and Biochemistry, 1993, 25: 991 - 997.

Westrich J T, Berner R A. The role of sedimentary organic matter in bacterial sulfate reduction: the G model tested. Limnology and Oceanography, 1984, 29: 236 - 249.

Wetzel R G. Limology Lake and River Ecosystems, 3rd edition. New York: Academic Press, San Diego, 2001.

Wilcke W, Amelung W. Persistent organic pollutions in native grassland soils along a climosequence in North America. Soil Science Society of America Journal, 2000, 64: 2140 - 2148.

Wild S R, Jones K C. Polycyclic aromatic hydrocarbons in the United Kingdom Environment: a preliminary source inventory and budget. Environmental Pollution, 1995, 88: 91 - 108.

Wrage N, Velthof G L, Beusichem M L, et al. Role of nitrifier denitrification in the production of nitrous oxide. Soil Biology and Biochemistry, 2001 (12 - 13): 1723 - 1732.

Xu F, Tao S, Dawson R W, et al. The distributions and effects of nutrients in the sediments of a shallow eutrophic Chinese lake. Hydrobiologia, 2003, 492 (1 - 3): 85 - 93.

Xu S S, Liu W X, Tao S. Emission of polycyclic aromatic hydrocarbons in China. Environmental Science & Technology, 2006, 40 (3): 702 - 708.

Xu Y, Wu Y, Han J, et al. The current status of heavy metal in lake sediments from China: pollution and ecological risk assessment. Ecology and Evolution, 2017, 7 (14): 5454 – 5466.

Xue Y, Kovacie D A, David M B, et al. In situ measurements of denitrification in constructed wetlands. Journal of Environmental Quality, 1999, 28 (1): 263 – 269.

Yang J, Chen L, Liu L Z, et al. Comprehensive risk assessment of heavy metals in lake sediment from public parks in Shanghai. Ecotoxicology and Environmental Safety, 2014, 102: 129 – 135.

Yang X, Wang M, Huang Y. The climatic – induced net carbon sink by terrestrial biosphere over 1901 – 1995. Advances in Atmospheric Sciences, 2001, 18 (6): 1192 – 1205.

Yin H, Deng J, Shao S, et al. Distribution characteristics and toxicity assessment of heavy metals in the sediments of Lake Chaohu, China. Environmental Monitoring and Assessment, 2011, 179 (1 – 4): 431 – 442.

Yu T, Zhang Y, Meng W, et al. Characterization of heavy metals in water and sediments in Taihu Lake, China. Environmental Monitoring and Assessment, 2012, 184: 4367 – 4382.

Yuan D X, Yang D, Wade T L, et al. Status of persistent organic pollutants in the sediment from several estuaries in China. Environmental Pollution, 2001, 114: 101 – 111.

Yung Y L, Wang W C, Lass A A. Greenhouse effect due to atmospheric nitrous oxide. Geophysical Research Letters, 1976, 3 (10): 619 – 621.

Yunker M B, Macdonald R W, Vingarzan R, et al. PAHs in the Fraser River basin: A critical appraisal of PAH ratios as indicators of PAH source and composition. Organic Geochemistry, 2002, 33: 489 – 515.

Zhang L, Liu J. Relationships between ecological risk indices for metals and benthic communities metrics in a macrophyte – dominated lake. Ecological Indicators, 2014, 40: 162 – 174.

Zhao X, Li T, Zhang T, et al. Distribution and health risk assessment of dissolved heavy metals in the Three Gorges Reservoir, China (section in the main urban area of Chongqing). Environmental Science and Pollution Research, 2017, 24 (3): 2697 – 2710.

Zhu B. The mapping of geochemical provinces in China based on Pb isotopes. Journal of Geochemical Exploration, 1995, 55: 171 – 181.

Zhu B Q, Chang X Y, Qiu H N, et al. Characteristics of Proterozoic basements on the geochemical steep zones in the continent of China and their implications for setting of super large deposits. Science in China, Series D, 1998, 41 (s): 54 – 64.

Zhu B, Chen Y, Peng J. Lead isotope geochemistry of the urban environment in the Pearl River Delta. Applied Geochemisty, 2001, 16 (4): 409 – 417.

ZhuL, Guo L, Gao Z, et al. Source and distribution of lead in the surface sediments from the South China Sea as derived from Pb isotopes. Marine Pollution Bulletin, 2010, 60 (11): 2144 – 2153.

文　后　彩　图

图 1.1　白洋淀风貌

图 1.2（一）　白洋淀内村镇环绕

图 1.2（二） 白洋淀内村镇环绕

图 1.5 白洋淀主要水生植物

图 1.6（一） 白洋淀水生植物芦苇

图 1.6（二）　白洋淀水生植物芦苇

图 1.7　白洋淀水生植物荷花

图 1.9　白洋淀淀区内居民居住环境

图 1.10（一）　白洋淀景区商业景观

图 1.10（二） 白洋淀景区商业景观

图 1.14 淀区内居民生活垃圾

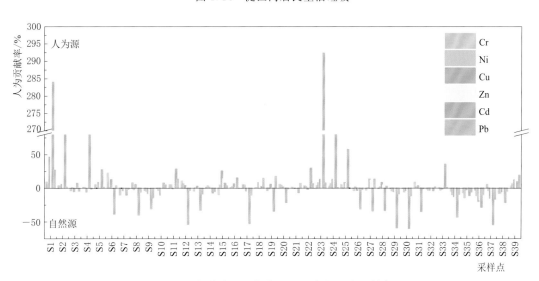

图 2.4 白洋淀沉积物中金属元素的人为贡献率

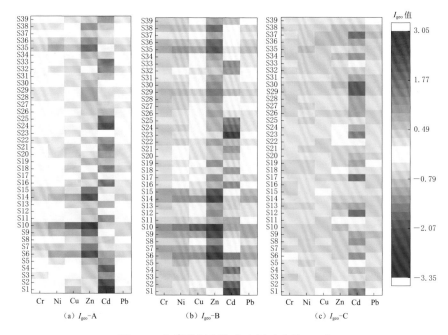

图 2.5　白洋淀沉积物中金属元素的 I_{geo} 值

（A 表示利用地壳中金属元素含量作为参考值；B 表示利用金属元素的河北省土壤背景值作为参考值；

C 表示利用金属元素的地球化学基线作为参考值）

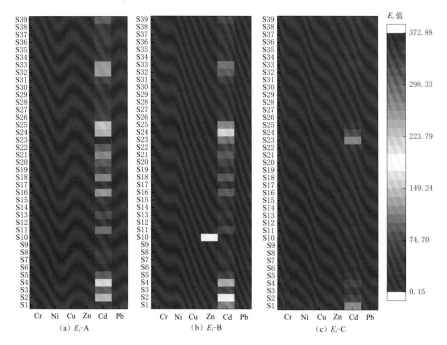

图 2.6　白洋淀沉积物中金属的潜在生态风险 E_i 值

（A 表示利用地壳中金属元素含量作为参考值；B 表示利用金属元素的河北省土壤背景值作为参考值；

C 表示利用金属元素的地球化学基线作为参考值）

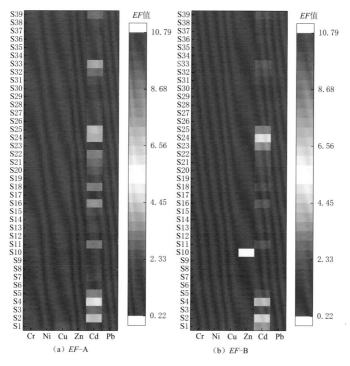

图 2.8　各采样点金属元素富集因子的计算结果

（A 表示利用地壳中金属元素含量作为参考值；B 表示利用金属元素的河北省土壤背景值作为参考值）

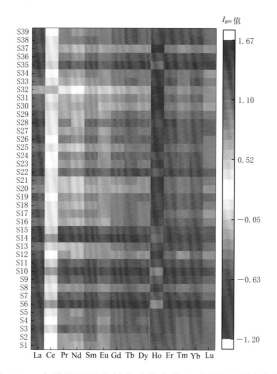

图 2.11　白洋淀沉积物每个采样点稀土元素的地累积指数

主 要 作 者 简 介

高博，1978 年 6 月生，中国水利水电科学研究院教授级高级工程师，环境科学博士，水利工程博士后。长期从事湖库污染物水环境过程及效应研究。先后主持国家自然科学基金项目、国家重大水专项子课题、国家科技支撑项目子任务、国家重大科学仪器设备开发专项子任务、博士后科学基金特别资助及面上项目等科研项目 20 余项。发表学术论文 110 余篇，其中，在Environmental Science & Technology、Environmental Pollution、Journal of Hydrology 等国际主流期刊发表 SCI 文章 80 余篇，2篇入选 ESI 高被引文章，他引 1000 余次。主编专著 1 部，参编专著 3 部，参编水利行业标准 6 项。担任 SCI 期刊 Science of the Total Environment编委。

万晓红，1978 年 11 月生，中国水利水电科学研究院高级工程师。在中国水利水电科学研究院获工学博士学位。主要从事水生态环境演变研究及水文水资源综合管理相关研究。主持和参与国家水专项、水利部行业专项、国家自然基金等 10 余项科研项目，发表论文 20 余篇，参编标准规范 10 余项，取得专利 3 项。

赵健，1979 年 11 月生，中国环境科学研究院副研究员。在中国水利水电科学研究院获工学博士学位。主要从事水资源和水环境综合管理研究。主持和参与国家水专项、生态环境部工作专项等 10 余项科研项目。发表论文 30 余篇，参编标准规范 5 项，曾获全国优秀工程咨询成果一等奖 1 项。